EL ESPACIO Y LA DINÁMICA MASS-ENERGY

Licencia CC0 ✓ Gratis para uso personal y comercial ✓ No se requiere atribución

AMAZON
2018, Luis Javier Artieda Carpio
ISBN: 9781983012983
Publicado de forma independiente

Todos los derechos reservados
Esta publicación no puede ser reproducida

EQUILIBRIO DINAMICO
O
EXPANSION UNIVERSAL

Autor: **L**UIS **J**AVIER **A**RTIEDA **C**ARPIO

A
LAS VÍCTIMAS INOCENTES DE
IROSHIMA - NAGASAKI - CHERNOBIL
Y A TODOS LOS INOCENTES
QUE SUFREN INERMES
LAS CATÁSTROFES PROVOCADAS
IMPUNEMENTE
POR QUIENES
HAN CAPTURADO EL PODER
EN NUESTRO MUNDO.

CREO EN EL SER HUMANO

Creo que el ser humano forma parte del proceso creativo ante el cual, hace mucho tiempo, está en la posición dual de observador y actor.

Paradójicamente, la enorme aptitud del ser humano para trabajar y su avance científico- tecnológico, lo han convertido en un ser potencialmente peligroso para la Tierra. El poder actual del hombre para alterar la ecología terrestre tiene como contrapartida su ineptitud o falta de voluntad para definir, de antemano, todas las variables negativas que desatan su industria, su ciencia y su beligerante y agresiva relación con sus compañeros en la absurda y constante búsqueda de imponer su voluntad.

Una forma de defender la Tierra es ayudar al hombre a entender su planeta y el frágil "EQUILIBRIO DINÁMICO" en el que vivimos. La humanidad debe entender que ha descubierto y desarrollado medios capaces de alterar ese equilibrio con daño para aquellos que juegan con ese poder con impunidad. Pero también, injustamente, para todos los hombres, mujeres, niños y todos los seres vivos que no pueden evitar la tiranía de los poderosos..

El equilibrio en sistemas planetarios requiere:

Fuerza centrífuga (Fcf) = Fuerza centrípeta (Fcp)

a) Equilibrio dinámico o Equilibrio Dinámico
Cuando hablamos de la naturaleza, debemos aceptar que está en permanente cambio; por lo tanto, el concepto de equilibrio estático es insuficiente. Esto nos lleva al BALANCE DINÁMICO aplicable a todos los sistemas del universo, independientemente de su dimensión.

El equilibrio dinámico es el estado en el que cualquier alteración se compensa simultáneamente por la readaptación del sistema a un nuevo estado de equilibrio. La readaptación ocurre en un tiempo y un espacio; por lo tanto, el tiempo y el espacio son factores interdependientes e inevitables.

En este trabajo hablaremos de los EME

ENTE MASA-ENERGIA (EME)

[ENTE: Del ENS latino, es un concepto filosófico que se refiere a lo que existe, existe o puede existir. Una entidad participa en el ser y tiene propiedades que, como ser, son suyas. El concepto trasciende la materia, ya que una entidad puede ser una galaxia, un átomo, una mesa, una televisión, un lago o la raíz cuadrada de dieciséis. (Wiki: Definición de entidad) (http://definicion.de/ente/)]

Luís Javier Artieda Carpio -

Febrero – 2016

PROLOGO

LA TIERRA EN PELIGRO

Génesis .- 2.4 al 9

"Al tiempo de hacer YAVE DIOS la tierra y los cielos no había arbusto alguno en el campo, ni germinaba la tierra hierbas, por no haber todavía llovido YAVE DIOS sobre la tierra, ni haber todavía hombre que la labrase, ni rueda que subiese el agua con que regarla. Formo YAVE DIOS al hombre del polvo de la tierra, y le inspiro en el rostro aliento de vida, y fue así el hombre animado. Planto luego YAVE DIOS un jardín del Edén, al oriente y allí puso al hombre a quien formara. Hizo YAVE DIOS brotar en el, de la tierra, toda clase de arboles hermosos a la vista y sabrosos al paladar y el árbol de la vida, y en el medio del jardín el árbol de la cien65cia del bien y de mal".

La Biblia ubica a Adán y Eva en un edén que perdieron rápidamente.

El tercer milenio de nuestra era encuentra al Homo Sapiens-Sapiens en transición hacia un mundo profundamente diferente en el que el hombre ha alterado profundamente las funciones vitales de la biosfera.

En la justicia debemos reconocer que en el pasado, otros cambios masivos alteraron la vida de nuestro planeta. Los continentes se han movido, aparecieron y desaparecieron mares y montañas, eras de calor y frío alteraron el clima global y se extinguieron sucesivamente; incluso los seres vivos fueron y son factores de modificación climática pues su metabolismo ayudó al paulatino enriquecimiento de oxigeno atmosférico y consumo de carbono para transferirlo a su propia estructura. Extinciones masivas de especies animales y vegetales han acompañado esos cambios, pero la vida retornó evolucionada.

Sin embargo, en los dos últimos siglos, ha surgido una importante diferencia cualitativa. En su inconmensurable necesidad de usurpar hábitats en busca de bienes naturales para transformarlos a materia prima, sin medida ni límite, el ser humano ha producido un artificial pero irreversible periodo de extinción.

Hoy sabemos que los materiales contaminantes medioambientales están empujando la temperatura atmosférica del globo terrestre a niveles cada vez más altos con daños irreversibles a la tierra entera; Aunque su único y discutible mérito es hacer más cómoda la vida del primer mundo, o permitir la existencia de empresas cuyos beneficios se miden, sólo, en términos de beneficio económico anual.

Por otra parte, enormes y crecientes masas humanas plantean demandas sin precedentes a granjas, bosques y otros recursos. La expansión de la civilización tecnológica ha hecho posible el crecimiento de la población mundial, pero al mismo tiempo ha producido cambios irreversibles en el cutis vegetal de los continentes, e interactúa con atmósfera, continentes, océanos, ríos, lagos, suelos y subsuelo. Todo esto con el exclusivo objeto de mantener la humanidad, al tiempo que produce la mayor extinción de seres vivos y sus hábitats jamás vista por el planeta.

En paralelo con su potencial destructivo, el ser humano tiene herramientas científicas y tecnológicas que le han dado un poder inimaginable en el pasado; Sensores basados en satélites, sofisticadas instalaciones terrestres y macro-ordenadores que pueden analizar, almacenar, ensamblar y evaluar millones de datos simultáneamente en fracciones de segundo. Hoy en día, con estas herramientas, el ser humano es capaz de observar y comprender el mecanismo global de la vida, y podría tratar de cambiar lo que ha sido su juego inconsciente con el futuro.

"¿Podrá el ser humano de hoy superar a Adán, su mítico padre? ¿Conservará su Paraíso?"

(Ver LAMINA 1 SER HUMANO OBSERVADOR Y ACTOR)

LAMINA 1
EQUILIBRIO DINÁMICO O EXPANSIÓN UNIVERSAL
SER HUMANO, OBSERVADOR Y ACTOR

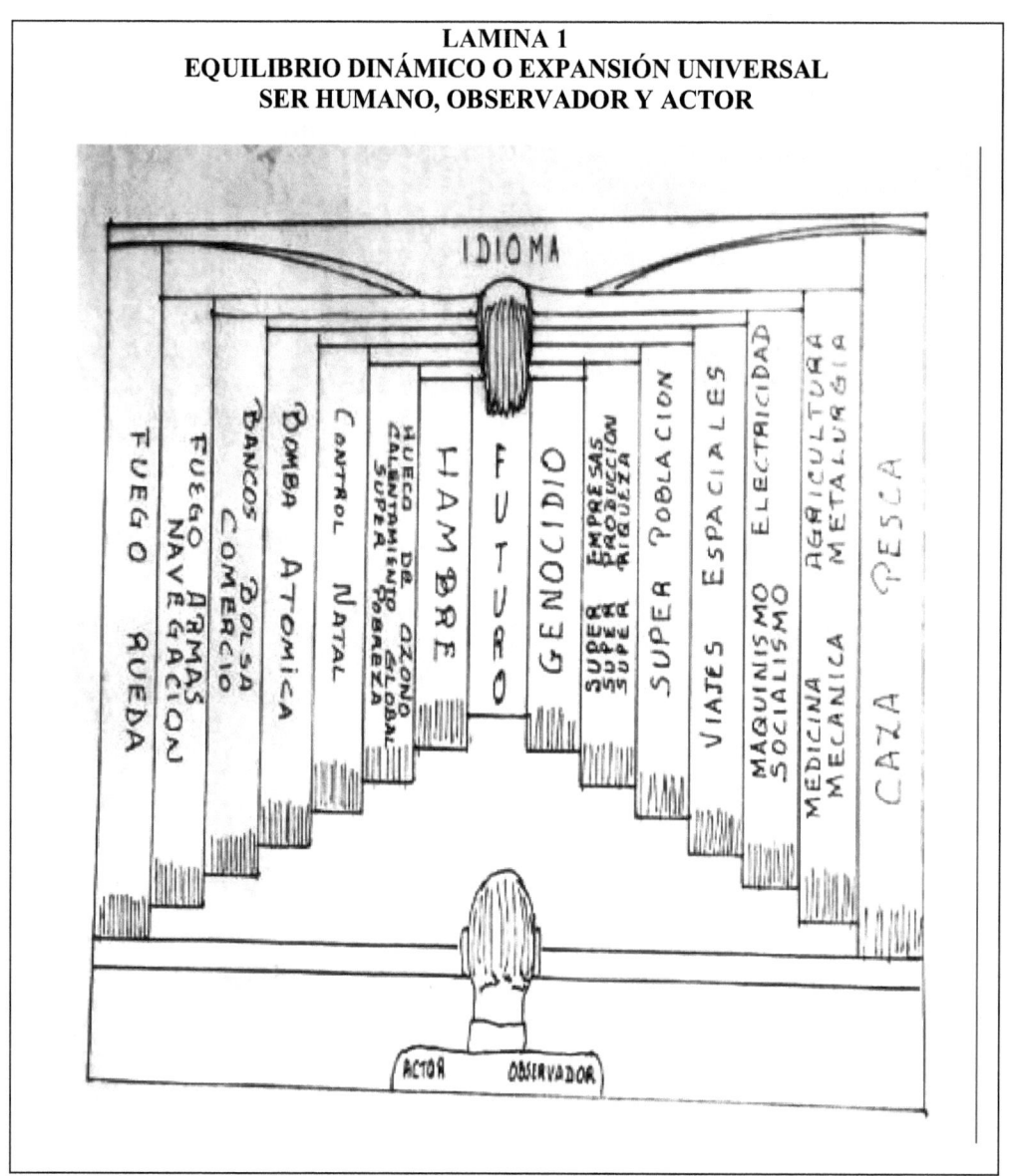

INDICE
LIBRO UNO
EQUILIBRIO DINAMICO O EXPANSION UNIVERSAL

Dedicatoria
Creo en el Ser Humano
PROLOGO: **LA TIERRA EN PELIGRO**
Índice
Índice de láminas
LIBRO UNO
EQUILIBRIO DINAMICO O EXPANSION UNIVERSA
1) El equilibrio
2) Estructura y Expansión de un EME
3) Expansión Universal (EU) y los EME (Entidad Masa-Energía)
4) Sistemas Masa-Energía
5) Formación y Expansión de un Sistema Planetario
6) Expansión del Sistema Solar
7) Emisión Solar de Masa y/o Energía
8) Masa/Energía irradiadas por el Sol durante su vida
9) Rotación de un EME
10) Dinámica del Sistema Solar
11) Emisión de Masa-Energía desde los planetas
12) El Sistema Solar ¿se Expande?
    CONCLUSION

LIBRO DOS
LA TIERRA
La tierra ¿se expande dinámica y equilibradamente?
1) Hipótesis: La Tierra se expande Dinámica y equilibradamente.
2) Calendarios de culturas antiguas
3) La Tierra
4) Fuerza Centrífuga vs Fuerza Centrípeta
5) Radios de esferas que crecen
6) Intento cronológico
7) Los Continentes y el Equilibrio Dinámico
8) Escurrimiento Inercial Magma Tectónico
9) Cinturones o Bandas Magnéticas
10) Los Continentes y la Expansión
11) Estructuras Terrestres de desarrollo Tectónico Similar
12) Sistemas de cordillera de América y Euro-Asia
13) Los Océanos
    CONCLUSION

LIBRO TRES
EQUILIBRIO EN LA TERMODINAMICA TERRESTRE
PROLOGO: TIERRA Y ENERGIA

1) Discontinuidades ... ¿Qué son?
2) Campo Magnético y Fuga de energía por los polos de la Tierra
3) Las Mareas y sus Efectos
4) Fenómeno "El Niño"
5) La acción humana
6) Efecto Invernadero
7) Consecuencias del Fenómeno Invernadero
   EPILOGO

INDICE DE LÁMINAS

LIBRO UNO

Lámina 1	SER HUMANO OBSERVADOR Y ACTOR
Lámina 2	EQUILIBRIO EN EL DAR Y RECIBIR
Lámina 3	TABLA DE DATOS DEL SISTEMA SOLAR
Lámina 4	VARIACION DE UN SISTEMA PLANETARIO
Lámina 5	EL SOL IRRADIA MATERIA Y ENERGIA A COSTA DE SU MASA
Lámina 6	EL SOL EXPULSO, SUCESIVAMENTE, DE SI A LOS PLANETAS
Lámina 7	DATOS DE ROTACION Y TRASLACION DE LOS PLANETAS SOLARES

LIBRO DOS

Lámina 1	PROCESO DE EXPANSION DE LA TIERRA
Lámina 2	EXPANSION DEL PALEOZOICO A NUESTROS DIAS
Lámina 3	EVOLUCION DEL OCEANO ARTICO
Lámina 4	EVOLUCION DEL CONTINENTE ANTARTICO
Lámina 5	FORMACION DE CORDILLERAS TERRESTRES Y OCEANICAS
Lámina 6	PECES PULMONADOS
Lámina 7	AUSTRALIA, PAPUA, NUEVA GUINEA, NUEVA ZELANDIA.
Lámina 8	GOLFO DE MEXICO, MAR CARIBE Y PARTE DE SUDAMERICA
Lámina 9	ESCURRIMIENTO INERCIAL MAGMA-TECTONICO
Lámina 10	FAJAS MAGNETICAS
Lámina 11	CORDILLERAS DE ESPAñA A CHINA
Lámina 12	CORDILLERAS DE ALASKA A PATAGONIA
Lámina 13	NUEVA ZELANDIA Y EL ENTORNO SUBMARINO
Lámina 14	PENINSULA INDONESIA, MALASIA, INDONESIA, FILIPINAS, PAPUA
Lámina 15	PATAGONIA, PENINSULA ANTARTICA, ISLAS SANDWISH
Lámina 16	ESTRUCTURAS TERRESTRES DE DESARROLLO TECTONICO SIMILAR
Lámina 17	OCEANO PACIFICO Y LECHO – NORTE, CENTRO Y SUR
Lámina 18	OCEANO ATLANTICO CENTRO, SUR Y LECHOS
Lámina 19A	OCEANO ÍNDICO NORTE Y SU LECHO
Lámina 19B	OCEANO ÍNDICO SUR
Lámina 20	ARCOS INSULARES DE ESCURRIMIENTOS ESCALONADOS DE MAGMA
Lámina 21	ARCOS DE MAGMA POR DE EXPANSIONES DE LA TIERRA (Mar de Bismark)
Lámina 22	ARCOS INSULARES PRODUCTO DE EXPANSIONES DE LA TIERRA
Lámina 23	MAR DE LA CHINA, FILIPINAS, JAPON Y LECHO OCEANICO
Lámina 24	PLACA COCOS
Lámina 25	MAR ARABIGO
Lámina 26	OCEANO ANTARTICO Y LECHO
Lámina 27	OCEANO GLACIAL ARTICO Y LECHO

LIBRO TRES

Lámina # 1	LA TIERRA UNA MAQUINA TERMICA
Lámina #2	DEFORRESTACION
Lámina # 3	AGRICULTURA Y DESERTIFICACION
Lámina # 4	IRRIGACIONES DESTRUCTIVAS
Lámina # 5	BASURA PLASTICA EN LOS OCEANOS
Lámina # 7	POLUCION OCEANICA

LIBRO UNO

EQUILIBRIO DINÁMICO O EXPANSION UNIVERSAL

1) **EQUILIBRIO**

EQUILIBRIO: (Lat. Aequilibrium) Estado de un cuerpo sometido a fuerzas contrapuestas, que se compensan mutuamente

EQUILIBRIO: Estado de balance entre fuerzas concurrentes sobre un sistema determinado, en estas condiciones el sistema no sufre cambio significativo.

En los sistemas planetarios: Fuerza Centrífuga (Fcf) = Fuerza Centrípeta (Fcp)

a) Equilibrio Dinámico

Al hablar de la naturaleza debemos aceptar que está en permanente cambio, por lo tanto, el concepto de equilibrio estático es insuficiente. Esto nos lleva al EQUILIBRIO DINÁMICO aplicable a todos los sistemas del universo, independientemente de su naturaleza.

Equilibrio dinámico es el estado en el cual, cualquier alteración es compensada simultáneamente por la re-adaptación del sistema a un nuevo estado de equilibrio. La readaptación ocurre en un tiempo y un espacio; por tanto, tiempo y espacio son factores interdependientes e inevitables.

b) ENTE MASA-ENERGIA (EME)

ENTE: Del latín ENS, es un concepto filosófico referido a lo que 'es, existe o puede existir'. Es una entidad, parte del ser, con características que le son propias. Un EME puede ser una galaxia, un átomo o una partícula atómica.

Entidad: algo que existe aparte de otras cosas, que existe independientemente (Ejemplos: Una galaxia, un planeta, un átomo, un neutrino, etc.)

Sabemos así mismo que todo Ente Masa-Energía (EME) entrega constantemente parte de su energía al Universo; por tanto, es lícito preguntarnos: ¿qué papel juega la energía en la gran ecuación del EQUILIBRIO UNIVERSAL? (Ver LAMINA 2 EQUILIBRIO EN EL DAR Y RECIBIR)

También sabemos, por Albert Einstein, que la masa y la energía son intercambiables y que, durante su existencia inconmensurable de miles de millones de años, las estrellas han irradiado una cantidad inimaginable de energía a expensas de su masa. Es por eso que podemos concluir: la masa de las estrellas es más pequeña ahora que en el pasado; y disminuirá con el tiempo. Esto incluye nuestro Sol.

La concepción heliocéntrica (Sol centro del sistema) enunciada por Galileo y apoyada por Copérnico (contemporáneo de Colón 1473 – 1503) corrigió la vieja idea geocéntrica de tiempos tolemaicos (Tierra centro del sistema) Copérnico y Galileo descubrieron los movimientos de rotación y traslación de la Tierra y los planetas, pero cuando el notable sabio italiano hizo públicos sus descubrimientos fue condenado por hereje. Es justo reconocer que el griego Aristarco (nacido en la isla Samos en 208 aC) fue el primero (conocido) en afirmar que la Tierra y los planetas giran alrededor de sí mismos y alrededor del sol. (En su culto religioso también fue declarado hereje).

Basado en observaciones de Tycho Brahe, Johannes Kepler definió la forma elíptica de las órbitas planetarias e Isaac Newton propuso la "Ley Universal de la Gravedad" y las leyes del movimiento.

La acumulación de datos, debidamente codificada, llevó al hecho de que: La Tierra es el tercer planeta en el sistema solar, es un ENTE MASA-ENERGÍA (EME) como todos los planetas, estrellas, asteroides, cometas y otros; es parte del caos organizado por y con miles de millones de constelaciones viajando en el Universo con destino desconocido, gobernado por fuerzas no entendidas, todavía. (Ver LAMINA 3.- CUADRO DE DATOS, SISTEMA SOLAR)

La visión integral de los fenómenos y el avance de las ciencias han hecho posible la comprensión de esos fenómenos y ha ido borrando gradualmente los límites. Ahora sabemos que somos un pequeño eslabón en la cadena fenomenológica universal iniciada en algún remoto rincón del Cosmos donde, en un pasado inconmensurable, se desató un centro súper-energético hacia el inescrutable vacío. El camino hacia el equilibrio es una consecuencia de la "gradiente energético" que tarde o temprano explica las expresiones más simples de la transferencia energética. El calor fluye hacia el frío, la luz a la oscuridad, el conocimiento a la ignorancia, la abundancia a la estrechez.

Esta primera aproximación nos dice que el equilibrio es una forma de tránsito hacia el nivel de energía cero, hacia el vacío absoluto y la inmovilidad.

Sin embargo, hay una gradación, niveles fenomenológicos que no permiten reconocer el vínculo entre etapas. La gradación se refiere a la unidad de energía que, en cada caso, está vinculada con la fuerza que mantiene, como unidad, las partes del Ente Masa-Energía (EME). Todo lo dicho está vinculado al tiempo durante el cual ocurren los fenómenos.

c) **Gradiente energética**

Cada fenómeno de intercambio de masa-energía, entre EMEs, es proporcional a la diferencia de energía potencial existente. La diferencia de potencial energético modifica parámetros tales como: tiempo en el cual ocurre el cambio, magnitud del cambio, homogeneidad fenomenológica y otros. En otras palabras, cualquier proceso de transferencia de energía requiere de gradiente o diferencial de energía que produzca una forma de desequilibrio transitorio energético-dinámico que haga posible, limite y gobierne el cambio.

En otras palabras; forzado por la gradiente energética, el Centro Masivo de Híper-Energía Original (EME-O) inició su expansión hacia el Espacio Universal (EU), entregando enorme cantidad de galaxias y nebulosas. Al propio tiempo, cada uno de los Entes Masa-Energía (EME), nacidos en la explosión original, continuaron expandiéndose atraídos hacia el (VU) y generando miríadas de estrellas en su propio espacio y tiempo.

Las estrellas, a su vez, entregan masa y energía en multitud de formas; Luz, calor y materia. Los cuerpos siderales más fríos lo entregan a través de fenómenos térmicos, eléctricos, magnéticos, químicos, físicos, biológicos y otros.

d) **Espacio Universal**

El espacio es una conjunción de: vacío ilimitado en el que existe gigantesco número de Entes Masa-Energía (EME); la conjunción, Espacio Universal (EU)-Entes Masa-Energía

(EME), interactúa constantemente. Es decir, el Espacio Universal (EU) es el escenario imprescindible para eventos cósmicos de expansión e intercambio de Masa-Energía. La masa-energía de los EMEs será constantemente absorbida por el Espacio Universal (EU) hasta la desaparición de la gradiente potencial (bajo el supuesto que fuera posible en un futuro impredecible). Un espacio limitado habría sido saturado en poco tiempo, pero no lo fue. En otras palabras, el espacio es infinito e inconmensurable.

LAMINA 3
EL EQUILIBRIO DINAMICO O EXPANSIONUNIVERSAL
TABLA DE DATOS DEL SISTEMA SOLAR

	Merc	Venus	Tierra	Marte	Júpiter	Saturn	Urano	Neptun
Diámetro Km	4870	12104	12756	6790	142800	119300	47100	48400
Dist.al Sol Mill Km	57.9	108.2	149.6	227.9	778.3	1427.0	2869.6	4496.7
Period. Sid Dias Tierra	87.9	224.7	365.26	686.9	11.8 años	29.4 años	84. años	165 años
Period Rot Dias Tierra	58.9	243.0	23.9 hr.	24.6 hr.	9.8 hr.	10.2 hr.	17.0 hr.	16.11 hr
Long Orbit Mill Km	363.8	679.8	940.0	1432.0	4890.3	8966.2	18030.4	28252.3
Vel Orbital Km/seg	48.0	35.4	30.2	24.3	18.3	1208	8.5	7.1
Declinación Planetaria	28°	3°	23.27°	23.59°	3° 05	26°44	82°05	28°48
Rrecor Ecuad mill. Km	365.1	688.4	954.6	1446.6	6823.8	11917.1	22570.4	37400.6
Vel Periferi Km/seg	0.003	0.0018	0.4638	0.2408	12716	10207	3806	2673

Por otro lado se dice que, en el Universo la cantidad de materia-energía permanece constante incluso cuando hay intercambios entre Entes-Masa-Energía (EME). En otras palabras, la interacción entre masa y energía produce cambios obvios sin alterar el gran quantum materia-energía. Podemos repetir aquí, "materia y energía no se crean ni destruyen, sólo se transforman".

e) Equilibrio Final

En su afán de aumentar sus conocimientos, el ser humano ha levantado una tras otra las cortinas de lo ignoto y ha alcanzado límites no soñados; sin embargo sigue mirando hacia el futuro a través de ventanas en cuyo ilimitado horizonte hay galaxias, constelaciones, agujeros negros y otros fenómenos gigantes; mientras que en el otro extremo núcleos, electrones, protones, diversos rayos, fotones, neutrinos y ahora Bosones de Higgs marcan un límite fatuo que augura campos desconocidos más allá de la imaginación humana siempre asombrada.

2.- ESTRUCTURA Y EXPANSION DE UN (EME)

Todo EME está sujeto a la gradiente energética universal, tiene estructura y se expande

a) Estructura: Foco o centro de gravedad, Satélites, Atmósfera del sistema,

- Foco o centro de gravedad del sistema: El foco del sistema es también un EME en expansión; ocupa el centro geométrico del sistema y contiene un porcentaje muy grande de la Masa-Energía del sistema
- Satélites: son EME que giran en órbitas diversas alrededor del foco. La Masa-Energía de los satélites es pequeña en relación al foco. Son mantenidos en órbita por la fuerza de atracción que está en relación directa a las masas del foco y del satélite e inversa a la distancia que los separa.
- Atmósfera del sistema: Nace de la Masa-Energía del Foco sistémico, fluye alejándose del Foco a gran velocidad. Envuelve el foco sistémico, disminuye en densidad conforme aumenta la distancia al foco. Está formada por partículas subatómicas. Se expande constantemente en respuesta a la Gravitación Universal (GU).

b) **Expansión:** Proceso de crecimiento volumétrico de todo EME en respuesta a la Gravitación Universal

- Todo EME se expandirá siempre y cuando haya gradiente de energía entre el EME y su atmósfera cósmica. Cada EME entrega Masa-Energía a su atmósfera cósmica, extrayéndolos de sí mismo.
- La gravedad interna de los EME, que actúa en oposición a la Gravitación Universal, disminuye constantemente
- La expansión afecta al EME en toda su estructura. Es decir, cada unidad material del EME se aleja del centro, pero también de su propio centro.
- Todo EME disminuirá de densidad mientras se expande integralmente.

3.- ESPACION UNIVERSAL (EU) Y LOS EME (Entidad Masa-Energía)

Todo EME ocupa un espacio en el Universo. En el Espacio o Vacío Universal (VU) todos los EME están en permanente expansión, así como todas y cada una de sus partes, independientemente de su dimensión

a) **Fuerzas que gobiernan el equilibrio dinámico en los sistemas EME**

En un sistema cósmico de cualquier dimensión, compuesto por el Foco del Sistema y una o varias Masas Cautivas (satélites) que giran en ciertos niveles energéticos (órbitas), el equilibrio depende de las fuerzas aplicadas al sistema. El equilibrio dinámico entre la Masa Focal y la Masa Cautiva depende, de instante en instante, de la relación entre la Fuerza Centrípeta (Gravedad Interna del Sistema FCp) y la Fuerza Centrífuga (Gravedad Cósmica FCf) que las afecta.

Sabemos que con el transcurso del tiempo todos los EME pierden Masa-Energía; en consecuencia su poder gravitatorio se reduce y el sistema se expande equilibradamente. Así mismo, las velocidades de rotación y traslación orbital de los integrantes del sistema varían siguiendo los dictados de las leyes de Física descubiertas y enunciadas por Kepler y Newton

- **Factores de la Fuerza Centrífuga (FCf)**

Según lo establecido por la Ley de la Gravedad Universal descubierta por Isaac Newton; Para cada satélite que gira alrededor de un sistema cósmico (masa-energía), la fuerza centrífuga (FCf) es proporcional al producto de la velocidad orbital del satélite multiplicada por la dimensión de su masa.

Si la fuerza centrífuga necesaria para mantener un objeto moviéndose en una órbita aumenta, es porque sucede uno de los siguientes eventos o los dos:
La masa del objeto aumenta
La velocidad del objeto aumenta
En consecuencia, el equilibrio, entendido como el mantenimiento de la distancia entre el satélite y su Masa Focal, depende del grado de variabilidad de la masa del satélite y de su velocidad orbital.

- **Factores de la Fuerza Centrípeta (FCp)**

Para ese mismo satélite, la Fuerza centrípeta o fuerza de atracción (FCp) es proporcional al producto dimensional de la Masa-Foco por la Masa del satélite, e inversa a la distancia que las separa. En consecuencia el equilibrio (entendido como conservación de la distancia que separa al satélite de su Foco) depende de la variabilidad de las masas y de la distancia que las separa.
El salto de un nivel de equilibrio a otro (órbita) exige aumentar o disminuir la masa-energía.
En el espacio todos los EME irradian energía y/o materia continuamente; en consecuencia su expansión es continua e inevitable.
Cualquier disminución de masa conduce a una forma de desequilibrio que se compensa a través de modificaciones de la dimensión de las órbitas y / o velocidades orbitales de los satélites del sistema. Estas modificaciones restablecen el equilibrio dinámico al sistema y devuelven igualdad a la ecuación: Fuerza centrífuga = Fuerza centrípeta.
En otras palabras el sistema se expande equilibradamente con y a consecuencia de la pérdida de masa-energía y en respuesta a la Gravitación Universal.
El ESPACIO en el que se realizan estos eventos, es infinito, inconmensurable y unitario.

De lo que se ha dicho se deduce que: no existe una fuente de energía natural suficiente y capaz de reestructurar la Energía-Masa a ninguna EME, o de restablecer su condición original de equilibrio y mucho menos de contraer a su condición original la universo. Consecuentemente, e independientemente de su dimensión, todos los sistemas siderales EME se expanden permanentemente sin posibilidad de contracción en el espacio infinito.

b) Cambios en un EME

Con el tiempo y el proceso ininterrumpido de expansión, el gradiente de energía se hace más pequeño. Esta condición conducirá a la muerte del EME, bajo el supuesto de que fuera posible alcanzar el nivel "energía cero"; al final de la expansión infinita a través de un tiempo infinito!

En consecuencia:

- La ley de atracción universal es aplicable a toda la materia, cualquiera sea su estado y dimensión.
- Todo sistema espacial se expande constantemente pero mantiene equilibrio dinámico en sí mismo y con su entorno.
- En el Universo, cualquier proceso de expansión se relaciona con la gradiente de energía que origina el cambio, y también con las fuerzas que intervienen y aceleran o retrasan el proceso.
- En el Universo, cualquier proceso de expansión se lleva a cabo en un tiempo relacionado con el desequilibrio dinámico que ha generado el fenómeno.
- En el universo, cualquier aceleración extraña al equilibrio dinámico de un proceso, alteraría la dinámica del equilibrio y produciría resultados impredecibles.
- La masa de cada unidad EME, independientemente de su volumen físico, se hace gradualmente más pequeña en respuesta a la gradiente de energía existente entre el centro masivo y la corteza exterior.
- La disminución constante de masa-energía de los EME conduciría a la condición de masa-energía = cero; si, y solo si, fuera posible llegar a esa utópica condición.

4.- SISTEMAS MASA-ENERGIA

Los EME de cualquier dimensión (galaxias, estrellas, planetas, átomos, partículas subatómicas, etc.) son entes espaciales que concentran masa y energía en diversas formas y las entregan a través de procesos de expansión constante en respuesta a la gradiente dinámico-energética, originados por la Gravitación Universal. (Ver LAMINA 4 VARIACION DE UN SISTEMA PLANETARIO)

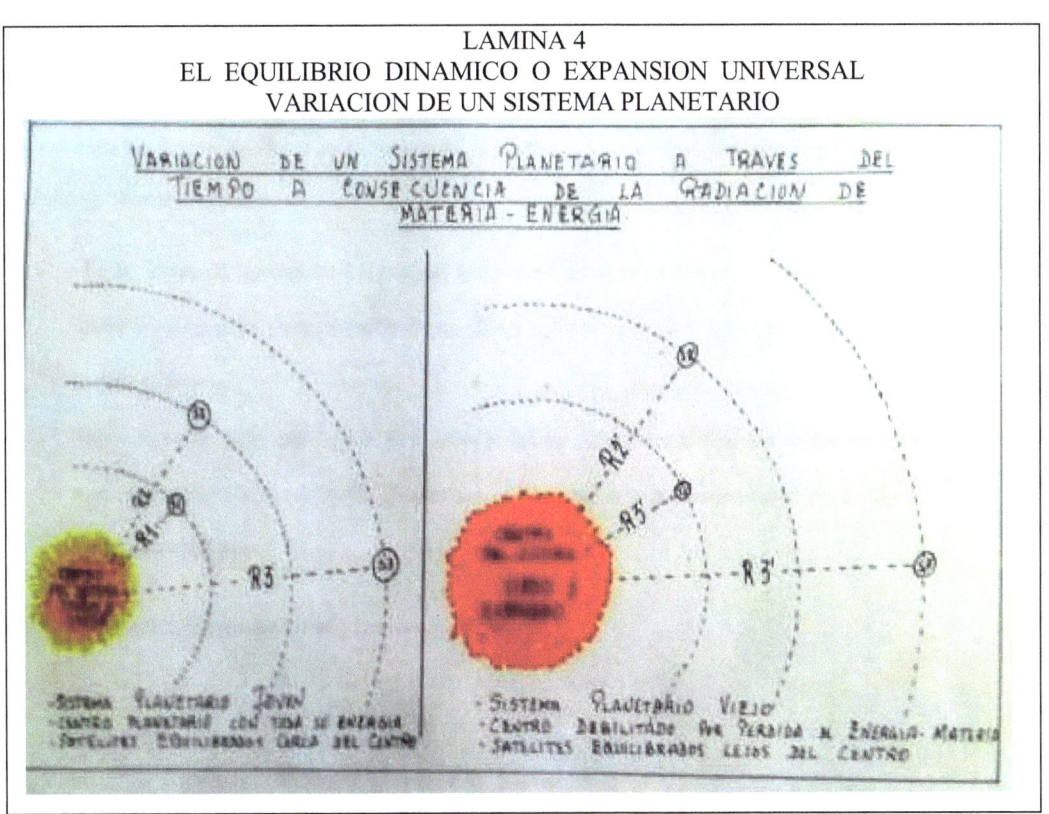

LAMINA 4
EL EQUILIBRIO DINAMICO O EXPANSION UNIVERSAL
VARIACION DE UN SISTEMA PLANETARIO

a) EQUILIBRIO EN LOS SISTEMAS SIDERALES

Todo sistema sideral, con Masa-Foco (MF) que posee el mayor porcentaje de la masa del sistema acompañado de EMEs de menor dimensión, está constantemente sometido a la Gravitación Universal y, a su vez, genera suficiente fuerza de atracción interna. La equivalencia entre la Gravitación Universal y la atracción interna mantendrá en equilibrio dinámico el sistema.

- Todo Planeta (como la Tierra) se mantiene en órbita elíptica alrededor de su MF (Sol) debido a que la fuerza centrípeta (FA) y fuerza centrífuga (FC) son constantemente equivalentes.
- De acuerdo con las leyes del movimiento (Newton), los sistemas siderales poseen mecanismos de equilibrio dinámico que compensan constantemente las variaciones que se producen.

Estas afirmaciones pueden expresarse como:

1.-   Fa = Fc

Donde: Fa   Fuerza Centrípeta (atracción)

        Fc   Fuerza Centrífuga

Las fórmulas para Fa y Fc son

2.- $Fa = GMm/r^2$

3.- $Fc = \frac{1}{2}mv^2$

De las formulas 1,2 y3 se deduce que la expresión matemática del equilibrio en los sistemas siderales es:

4.- $\frac{GMm}{r^2} = \frac{1}{2}mv^2$

Donde:

G= Constante de gravitación universal

M= Masa del Foco sistémico (MF)

m= Masa del planeta

r = Distancia entre masas M - m

$v =$ Velocidad de translación del planeta

De 4 se deduce que

5.- $\frac{v^2 r^2}{2GM} = \frac{m}{m} = 1 = EQUILIBRIO$

En otras palabras, las personas nacidas antes de la Segunda Guerra Mundial aprendieron y aceptaron, de Kepler y Newton, que la CONDICIÓN DE EQUILIBRIO de los sistemas planetarios era inalterable. Sin embargo, la teoría de la Relatividad de Einstein demostró que los parámetros de la ecuación (5) están sujetos a variación constante. Según la teoría de la Relatividad, hoy podemos afirmar que la luz, el viento estelar (como el viento solar) y el calor de las estrellas provienen de una gigantesca transformación de masa (M) de estrellas a energía.

De esta 'constatación' deducimos que la ecuación (5) tiene, por lo menos, la 'variable independiente' "M" (Masa de la estrella del sistema) cuyo valor disminuye constantemente. La disminución de "M" rompe el equilibrio del sistema constantemente y la ecuación (5) cambia a:

6.- $\qquad \frac{m}{m} < \frac{r^2 v^2}{2G(M-\partial M)} > 1 = DESEQUILIBRIO$

En la que (∂M) es la masa transformada a energía y liberada al espacio por el centro masivo. A consecuencia del desequilibrio producido por esa transformación, el sistema podría destruirse por fuga de los planetas con aceleración creciente; sin embargo el sistema no se destruye porque otras variables cambian cuando "M" disminuye.

b) PROCESO DE RESTITUCION DEL EQUILIBRIO DINÁMICO

En el complejo proceso de 'Equilibrio Dinámico', las 'Variables Dependientes' son: Distancia entre masas (r), velocidad orbital del planeta (v). El proceso sería el siguiente.

- Inicialmente, la disminución de la Masa-Foco que va de (M) a (M-∂M) afecta a la fuerza de atracción (Fa), que disminuye a (Fa-∂Fa). En consecuencia, la distancia (r) del satélite tiende a aumentar a $(r + \partial r)^2$.

- El sistema compensa esa tendencia por el principio físico que gobierna la Energía Cinética (Ec) de los cuerpos en movimiento que dice: *"La (Ec) de un cuerpo en movimiento es constante antes y después de todo cambio de velocidad o dirección"*. Es decir que para compensar las variaciones de (M) y cumplir con el principio físico descrito, la velocidad orbital (v) pasa a ser (v-∂v). Esa disminución es proporcional a la disminución de la masa del cuerpo central (∂M) y al aumento de la distancia (r+∂r) lo cual reequilibra el sistema constantemente.

7.- $\qquad \frac{(v-\partial v)^2 (r+\partial r)^2}{2G(M-\partial M)} = 1 = EQUILIBRIO$

Es importante señalar que el nuevo equilibrio se basa en diferentes dimensiones de (M), (r) y (v). Que la variación porcentual de (M) es muy pequeña, el aumento de la distancia entre el centro masivo y el satélite es muy pequeño, y la disminución de la velocidad orbital del planeta es comparativamente mayor. Véase la Lámina # 3 'Velocidad Orbital de los Planetas' (Tabla de Datos del Sistema Solar).

c) TIEMPO Y EQUILIBRIO

Como consecuencia de la disminución en (M) encontramos que el equilibrio del sistema persiste porque las variables dependientes (v) y (r) cambian de valor. Sin embargo, ese proceso sucede a través de un cierto tiempo.

Si la disminución de masa (M) fuera "significativamente grande" y el proceso ocurriera en "un tiempo significativamente menor", galaxias, estrellas, planetas, satélites y toda entidad sideral se alejarían de sus centros masivos a velocidades explosivas, pero esto no es así. Por consiguiente (∂M) es tan pequeño (desde la perspectiva temporal humana) que no produce un cambio perceptible (en tiempo humano). Por lo tanto, podemos concluir.

- Los cuerpos espaciales pierden masa constantemente a consecuencia de la Gravitación Universal.
- La pérdida de masa, tanto en el centro masivo (M) del sistema como en sus satélites (m), produce cambios en variables dependientes como velocidad orbital (v), velocidad de rotación (ω), distancia al centro masivo (r), y otras.
- La pérdida de masa afecta la densidad del (EME) cuerpo masivo espacial que tenderá a expandir su volumen.
- Con independencia de su dimensión, el equilibrio de todo sistema espacial es dinámico y varía permanentemente a través del tiempo.

5) FORMACIÓN Y EXPANSIÓN DE UN SISTEMA PLANETARIO

No hay suficientes datos sobre la formación de sistemas EME siderales, por lo que debemos imaginar hipótesis que lo expliquen. (LAMINA 3 TABLA DE DATOS DEL SISTEMA SOLAR)

Hipótesis 1.- Un sistema planetario nace de una nebulosa, masas pastoras y materia de acreción.

- **I-** Una nebulosa con un alto nivel de energía, rodeada de masas de pastoreo (planeta embrión) que giran alrededor del centro energético de la nebulosa. Las masas pastorales atraen la materia gaseosa que rodea el centro energético de la nebulosa, de esta manera los Proto-Planetas se consolidan capturando materia gaseosa por acreción. Durante esta etapa, el tiempo de rotación de las pastoras es indeterminado
- **II-** La variación de velocidad de los pastores, durante el tiempo en que se están transformando en planetas, no está relacionada con el aumento de su masa por acreción.
- **III-** Durante el tiempo de formación del sistema, el centro energético del sistema retiene su masa

Analizando la hipótesis I, aplicada al sistema solar, podemos deducir que las tasas actuales de velocidad de órbita y velocidad de rotación de los planetas son incompatibles con esta hipótesis, de modo que:

- La acreción modificó radicalmente las velocidades de rotación y translación,

o

- El sistema EME se formó de diversa manera.

Hipótesis 2.- Los sistemas planetarios se forman cuando cuerpos masivos, que pasan cerca de alguna estrella, son capturados por la gravedad de la estrella.

    I.   La atracción gravitatoria de la estrella debe ser apropiadamente fuerte.

    II.   La trayectoria del cuerpo masivo (su centro de gravedad) debe pasar dentro de la distancia de atracción de la estrella para permitir su captura y mantenimiento en órbita alrededor de la estrella.

    III.   La trayectoria del cuerpo masivo debe coincidir aproximadamente con la eclíptica de la estrella.

    IV.   El descubrimiento de planetas en otras galaxias, ocurrido en años recientes, obliga a pensar que: para alimentar a todas las galaxias y sus miríadas de estrellas, sería necesaria una infinita fuente de Proto-Planetas viajando por el espacio en busca de su propia estrella.

Es evidente que las posibilidades precedentes son muy pequeñas, de modo que:

- Las características de la trayectoria de acercamiento, desde la fuente de Proto-Planetas y la estrella, tendría que ser absolutamente estricta para permitir la captura del Proto-Planeta en órbita.

o

- Los sistemas EME se forman de diversa manera

Hipótesis 3.- Un sistema planetario se forma a partir de un Centro de Energía en expansión. Los satélites del sistema nacen por expulsión de masa extraída del Centro de Energía.

Analizaremos esta hipótesis usando como ejemplo al sistema solar. (Ver LAMINA 4 VARIACION DE UN SISTEMA PLANETARIO)

6) EXPANSION DEL SISTEMA SOLAR

Del libro de ciencias "Earth in the Solar System"(La Tierra en el Sistema Solar), usado por los estudiantes de la Escuela Intermedia en los Estados Unidos; y de su artículo "The Sun Retinue" (El séquito del sol) he tomado el siguiente párrafo.

"La estructura del sistema solar es típica de las estrellas que se formaron en el aislamiento. Como una estrella joven y caliente lanzó material al exterior, los planetas interiores (Mercurio, Venus, Tierra y Marte) fueron liberados como pequeños cuerpos rocosos. Por el contrario, los planetas exteriores (Júpiter, Saturno, Urano y Neptuno) conservaron sus gases convirtiéndose en gigantes gaseosos"

Lo que es absolutamente evidente es que:

a) Sol irradia Energía.

> Artículo – "SUN" – por Brian Koberlein
> El SOL ¿Pierde Masa?
> El Sol pierde masa de dos formas principales, la primera es a través de viento solar
> La segunda forma en que el Sol pierde masa es a través de la fusión nuclear. El Sol Transforma Hidrógeno en Helio en su núcleo…………. Encontramos que el Sol Pierde alrededor de 4 millones de toneladas de masa cada segundo debido a la fusión

Parte importante de la comunidad científica asigna al sol una vida de 10,000 millones de años, tiempo durante el cual el Sol ha irradiado energía.

A consecuencia de lo dicho podemos afirmar que: la radiación energética total, ha sido gigantesca. Hoy se calcula que la radiación del sol llega a los 10^{33} ergios por segundo, pero se sabe además que la actividad del sol incluye fenómenos como el de los fulgores capaces de emitir mil veces más energía por segundo que el conjunto del sol desde un área muy pequeña, durante un tiempo que suele llegar hasta los 30 minutos.

Es ineludible indicar que, durante los (supuestos) 10,000 millones de años de su vida, la gradiente energética entre el sol y su entorno ha disminuido paulatinamente. Ello nos lleva a concluir que la radiación fue comparativamente mayor en el pasado, tal como se deduce de lo dicho en el párrafo "The Suns retinue" (El séquito del sol).

b) Viento Solar

A principios de los años sesenta, se confirmó que la corona del sol se expandía continuamente creando un "viento" de partículas que resultó ser fundamentalmente:

... hidrógeno ionizado (es decir, protones y electrones); el flujo total era radial hacia el exterior, muy variable en velocidad, pero en general entre 350 y 800 kilómetros por segundo; tenía una densidad media de 5.4 iones por cm^3 y una temperatura iónica de 160.000 grados Kelvin. (Del Art. Partículas y Campos Interplanetarios. J.A. VAN ALLEN)

Este descubrimiento confirmó que, desde el momento del nacimiento de nuestra estrella, la radiación solar incluía materia en forma de átomos ionizados sumada a la energía térmica, energía lumínica y toda la gama de rayos que el sol ha enviado al Espacio.

Estudios posteriores sustentados en logros a través de satélites artificiales y otros medios tales como observaciones espectroscópicas de eyección coronal de EMEs (Entes Masa-Energía), de estrellas diferentes al Sol, han confirmado lo descubierto entre los años 1960-1970. Sin embargo, los datos obtenidos y sobre todo, las interpretaciones de esos datos han dejado más preguntas que certezas, tal como se deduce de artículos publicados en revistas científicas. A continuación algunos párrafos de esos artículos.

> *De WEikipedia, la enciclopedia libre*
> *En 1958, el satélite Explorer I descubrió los cinturones de Van Allen, regiones de partículas de radiación atrapadas por el campo magnético de la Tierra. En enero de 1959, el satélite soviético Luna 1 observó directamente el viento solar y midió su fuerza.*
> Feldstein, Y. I. (1986). "A Quarter Century with the Auroral Oval, EOS". Trans. Am. Geophys. Union. **67** (40): 761. doi:*10.1029/eo067i040p00761-02*. Paul Dickson, Sputnik: The Launch of the Space Race. (Toronto: MacFarlane Walter & Ross, 2001), 190)
> *Expulsiones de masa coronal estelar (CME)*

> *Se ha observado un pequeño número de CME en otras estrellas, todas las cuales a partir de 2016 se han encontrado en enanas. Estos han sido detectados por espectroscopía, ... Las velocidades proyectadas observadas de las CME varían de ≈84 a 5.800 km / s (52 a 3.600 mi / s). En comparación con la actividad en el Sol, la actividad CME en otras estrellas parece ser mucho menos común.*
> ("Hunting for Stellar Coronal Mass Ejections" - Korhonen, Heidi; Vida, Krisztian; Leitzinger, Martin. "Dynamics of flares on late-type dMe stars: I. Flare mass ejections and stellar evolution"- E. R.; Foing, B. H.; Rodonò
> "A search for flares and mass ejections on young late-type stars in the open cluster Blanco-1" - Monthly Notices of the Royal Astronomical Society.

Del último párrafo se podría deducir que la velocidad de EMEs (CMEs en el artículo) alcanza velocidades superiores a la velocidad de escape solar. Esto es, en alguna forma, contradictorio con otras opiniones.

> *Eyección de masa coronal*
> *De Wikipedia, la enciclopedia libre*
> *La eyección de masa coronal (CME) es una liberación significativa de plasma y campo magnético de la corona solar. A menudo siguen las erupciones solares y normalmente están presentes durante una erupción de prominencia solar. El plasma se libera en el viento solar y se puede observar en las imágenes del cronógrafo.*
> *Las eyecciones de masa coronal alcanzan velocidades de 20 a 3.200 km / s (12 a 1,988 mi / s) con una velocidad promedio de 489 km / s (304 mi / s), según mediciones de SOHO / LASCO entre 1996 y 2003.... Estas velocidades corresponden a tiempos de tránsito desde el Sol hasta el radio medio de la órbita de la Tierra...... La masa promedio eyectada es de 1.6×10^{12} kg (3.5×10^{12} lb). Sin embargo, los valores de masa estimados para las CME son solo límites más bajos, porque las mediciones de cronógrafo proporcionan solo datos bidimensionales Estos valores también son límites más bajos porque las expulsiones que se propagan fuera de la Tierra (CME de la parte posterior) generalmente no pueden ser detectadas por los cronógrafos.*
> ... Carroll, Bradley W.; Ostlie, Dale A. (2007). An Introduction to Modern Astrophysics. San Francisco: Addison-Wesley. p. 390. *ISBN 0-8053-0402-9.*
>
> Composición del Viento Solar
> *La composición elemental del viento solar, en el sistema solar, es idéntica a la de la corona solar: un 73 % de hidrógeno y un 25 % de helio, con algunas trazas de impurezas. Las partículas se encuentran completamente ionizadas, formando un plasma muy poco denso. En las cercanías de la Tierra, la velocidad del viento solar varía entre 200 y 889 km/s, siendo el promedio de unos 450 km/s. El Sol pierde aproximadamente 800 kg de materia por segundo en forma de viento solar.*

De la diversidad de datos extraídos de los artículos anteriores se deduce que las organizaciones científicas están aún lejos de descubrir los datos reales. Del mismo modo, las explicaciones discordantes dadas a fenómenos tales como «velocidad de expulsión», «velocidad de escape», «promedio de masa expulsado» y otros, dejan lugar a hipótesis distintas de las planteadas en los artículos reproducidos.

c) ¿Pudo el Sol irradiar Planetas o masas de gran dimensión?

Del artículo "The Sun Retinue" (El séquito del sol) tomamos una vez más el párrafo referido anteriormente.

El Sol, Como una caliente y joven estrella lanzó material al exterior, los planetas interiores (Mercurio, Venus, Tierra y Marte) fueron liberados como pequeños cuerpos rocosos, a diferencia de los planetas exteriores (Júpiter, Saturno, Urano y Neptuno) que conservaron sus gases combustibles convirtiéndose en enormes "gigantes gaseosos"

En el extracto del libro "The Sun Retinue" que reprodujimos antes, el autor afirma que los planetas fueron expulsados por un joven Sol en un evento simultáneo. Sin embargo, la disminución natural de la masa solar ocurrida a través de su larga vida; la distancia de los planetas gigantes (Júpiter, Saturno, Urano y Neptuno) en comparación a los pequeños (Marte, Tierra, Venus y Mercurio); además de la diversidad de velocidades de los planetas en su movimiento orbital y rotacional; todo demuestra que cada planeta fue expulsado en un evento único y en diferentes momentos

7) EMISION SOLAR DE MASA Y/O ENERGIA

EL SOL EXPULSA ENERGIA Y MATERIA PERMANENTEMENTE:

Materia -   Viento solar compuesto por Iones
Velocidad -   350 a 800 Km/Seg.
Densidad -   5.4 Iones / cm^3 (al pasar por la Tierra)
Radiación -   Ondas de radio, Luz infrarroja, Luz visible, Luz ultravioleta, Rayos X, otros

Si el Sol expulsó y expulsa materia iónica ¿Pudo expulsar Planetas?

a) EL SOL ha extraído todos sus planetas de su propia masa y los ha puesto en órbita uno por uno
Los planetas nacieron de la masa solar como resultado de alteraciones de 'masa/energía' que ocurren en el interior del Sol, generadas por asimetrías de la gravitación universal o grandes diferencias termodinámicas en la masa solar

b) SUPUESTOS EMPIRICOS
- La masa original del Sol es la suma de:
    - Masa actual del sol

- 100 veces la masa actual de los planetas
- Radiación de 10^{33} ergios por segundo en 10^{10} años
- Viento solar en 10 mil millones de años
- Masa perdida por cada planeta durante su propia vida

- Los planetas fueron puestos en su órbita inicial mediante el consumo de una cantidad de masa solar, transformada en energía, equivalente a 100 veces la masa original del planeta expulsado.
- Los planetas fueron puestos en órbita sucesivamente.
- Cada nacimiento planetario redujo la masa del sol y, en consecuencia, redujo también la atracción que este ejercía sobre los planetas en magnitud equivalente a la pérdida de masa.
- Con cada nacimiento planetario sucesivo, todos los planetas aumentan su distancia al Sol, reducen su velocidad orbital y aumentan la velocidad de rotación en proporción al decremento de masa sufrido por el Sol.
- La expansión del sistema sigue los dictados de las leyes de atracción universal descubiertas, interpretadas y enunciadas por: Keppler y Newton y, posteriormente, ampliadas por Einstein a través de su teoría de la relatividad.

Los primeros en nacer fueron los planetas enanos como Plutón. Teniendo en cuenta las características de la órbita, es posible suponer que, Plutón nació del Sol en un tiempo cercano o simultáneo al nacimiento de Neptuno e influenciado por su atracción gravitacional. Este hecho selló para siempre la vida de Plutón. Luego nació Urano. (Ver Lámina 5 EL SOL IRRADIA MATERIA Y ENERGIA A COSTA DE SU MASA)

Posteriormente, un Sol maduro en todo su poder, dio a luz a los gigantes Saturno y Júpiter. El cinturón de asteroides entre Júpiter y Marte sería una muestra de que la gradiente energética entre el Sol y su entorno atravesó una etapa de nivel energético mínimo.

El nacimiento de Marte sugiere una cierta recuperación de energía que se ratifica con dos planetas de tamaño medio y características similares, Tierra y Venus. Mercurio es la más reciente actividad media del Sol.

Tomando como punto de partida la masa actual del Sol y evaluando las diversas formas de 'emisión de materia y energía' tales como: nacimiento de planetas, todo tipo de radiación de energía, viento solar, resplandores y otros; es posible inferir empíricamente la pérdida de masa sufrida por nuestra estrella en la vida que la ciencia le asigna.

Para calcular la masa del Sol en su nacimiento; fue tomado como tiempo de vida solar lo que la ciencia le asigna a nuestra estrella (10,000 millones de años); y se ha considerado (empíricamente) que la cantidad de energía necesaria para poner un planeta en órbita es cien veces la masa actual de ese planeta. Con estos elementos, se ha llegado a la conclusión de que la pérdida de la masa del Sol durante sus 10.000 millones de años, ha sido el factor más importante en el equilibrio dinámico del sistema solar.

NOTA: Se ha considerado congruente aplicar un factor multiplicador para poner a los planetas en órbita ya que es obvio que el esfuerzo de "lanzamiento" se produce en condiciones de muy alta ineficiencia en comparación con los lanzamientos de satélites artificiales realizados por el ser humano. El factor utilizado es arbitrario.

Otro tema importante a considerar es; ¿El Sol, tenía y sigue teniendo la capacidad energética de expulsarse y poner planetas en órbita en el sistema? En nuestro ejercicio lógico, esta pregunta ha sido uno de los puntos más difíciles de superar. De acuerdo con la opinión científica; HOY, LA MÍNIMA VELOCIDAD DE ESCAPAR A LA ATRACCIÓN DEL SOL Y MANTENERSE ATRAPADO EN ORBITAR SOLAR, ES 618 Km / seg.

Esta velocidad es considerada una barrera insalvable y equivalente al concepto de "barrera del sonido" de la década de 1950 al 1960. En textos científicos se comenta: *"¿Y la velocidad de escape del Sol? Aplicando el radio y la masa solar sale de unos 620 km/seg. Con esta velocidad (se dice) ni siquiera el hidrógeno ni el helio pueden escapar".*

Bajo la influencia de la maravillosa tecnología de lanzamiento de satélites artificiales, hemos perdido de vista un hecho absoluto; desde mediados del siglo pasado sabemos que el viento solar "sopla" a través de todo el sistema y se mueve incontenible hacia el espacio exterior a más de 620 km / seg. El mundo científico ha aceptado la incontrovertible existencia del viento solar; por lo tanto, también debe aceptar que el Sol tiene la capacidad de expulsar de sí materia y energía a una velocidad superior a la velocidad de escape. (El sol no es un hueco negro).

Reivindico el hecho que el Viento Solar alcanza velocidades superiores a los 3200 Km/s. En el párrafo que reproduzco a continuación, el mundo científico acepta hoy que "Masa Coronal Solar" es eyectada a esa velocidad.

> *Las eyecciones de masa coronal alcanzan velocidades de 20 a 3.200 km / s (12 a 1,988 mi / s) con una velocidad promedio de 489 km / s (304 mi / s), según mediciones de SOHO / LASCO entre 1996 y 2003. (Wikipedia)*

Tampoco debemos ignorar que E.N. Parker ha declarado que: "Un deslumbramiento puede durar 30 minutos y emitir mil veces más energía que el Sol entero de un área de solo una diez milésima parte de su superficie total". (En la fotografía que acompaña a este párrafo, podemos ver tres prominencias solares de dimensiones gigantescas; nada impide que estas prominencias alcancen una mayor energía y mucho menos si pensamos en un Sol más joven)

Por todo lo anterior, es posible afirmar que los planetas salieron del cuerpo del Sol en sucesivos y dantescos nacimientos de masa / energía

8) MASA/ENERGIA IRRADIADAS POR EL SOL DURANTE SU VIDA

Como hemos dicho, el Sol ha irradiado masa/energía en forma de: VIENTO SOLAR, NACIMIENTO DE PLANETAS y HONDAS ENERGÉTICAS, desde el principio hasta ahora, y continuará en el futuro.

a) VIENTO SOLAR

"El medio a través del que se mueve la tierra en órbita alrededor del sol contiene unas 10 partículas de materia por cm^3: 5 iones positivos (fundamentalmente protones) y 5 electrones. En comparación hay unas 27×10^{18} partículas en el mismo volumen de atmósfera terrestre a nivel del mar. Las características básicas de ese viento son:

variable en velocidad pero en general entre 350 y 800 Km/seg., sale del sol en forma radial y tiene una temperatura iónica de 160° Kelvin al pasar por la tierra en la actualidad". **J.A. VAN ALLEN.**

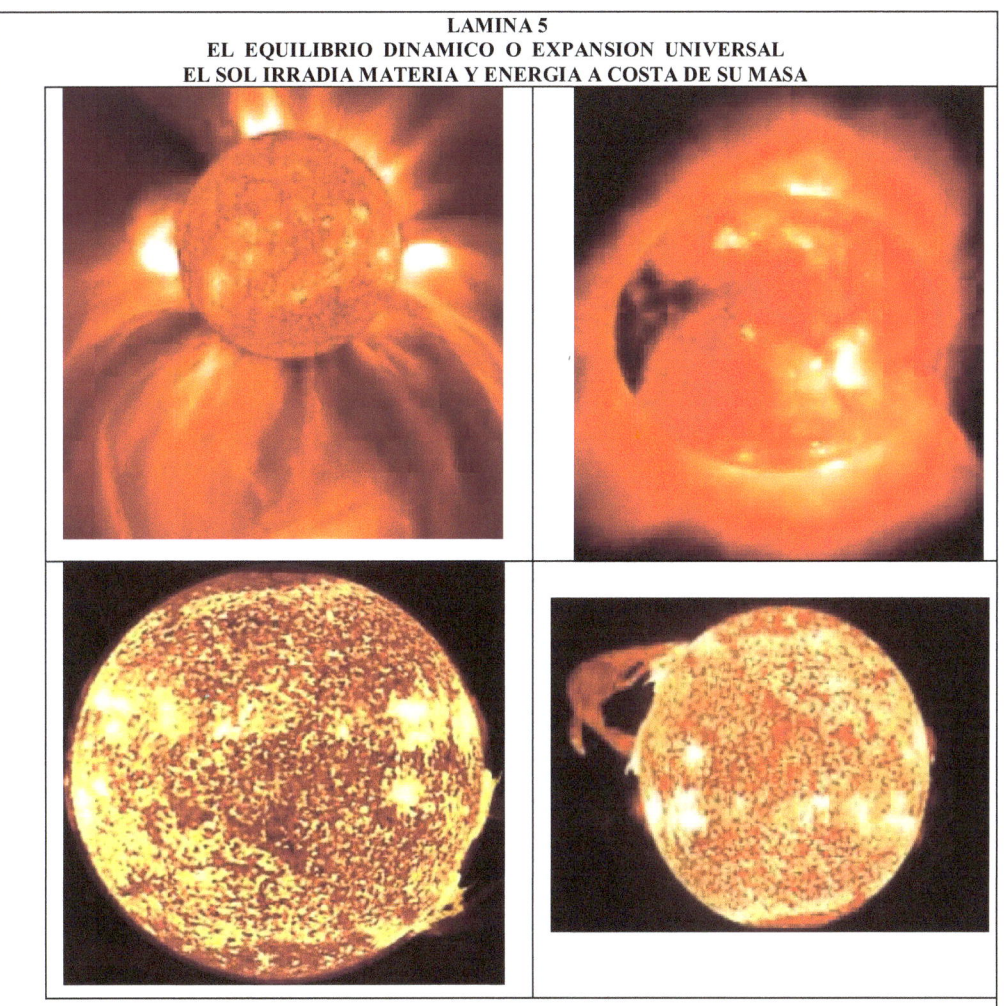

LAMINA 5
EL EQUILIBRIO DINAMICO O EXPANSION UNIVERSAL
EL SOL IRRADIA MATERIA Y ENERGIA A COSTA DE SU MASA

La imagen superior izquierda LASCO C2, tomada el 8 de Enero 2002, muestra una expulsión de masa coronal que se expandió ampliamente (CME) y expulsó más de mil millones de toneladas de materia fuera al espacio a miles de kilómetros por segundo. Estas imágenes fueron tomadas del GOOGLE EARTH. (http://meioambiente.culturamix.com/natureza/o-que-tem-dentro-do-sol.) (http://www.portalciencia.net/enigmamund.html.)

Como se dijo antes *la composición elemental del viento solar, en el sistema solar, es idéntica a la de la corona solar: un 73 % de hidrógeno y un 25 % de helio, con algunas trazas de impurezas. Las partículas se encuentran completamente ionizadas, formando un plasma muy poco denso.*

MASA SOLAR IRRADIADA COMO VIENTO SOLAR

Calculando el volumen de la corona esférica (centrada en el Sol) generada en un segundo, por un globo que crece a una velocidad de 800 km / s al pasar por la tierra, encontraremos un volumen de 224.99 x 10^{33} cm3 lleno de viento solar a razón de 10 partículas por cm3 o aproximadamente 2.25 x 10^{36} partículas perdidas por el Sol como resultado del viento solar, en cada segundo durante 10.000 millones de años, que el mundo científico asigna al Sol.

Si se aceptara que la pérdida ha sido constante (cosa no real pues a menor tiempo de vida el sol perdió mayor cantidad de partículas) debemos aceptar que en el tiempo transcurrido un "sol constante" habría perdido como mínimo, 2.25 x 10^{36} iones/segundo por 3.1536 por 10^{17} segundos. = 7.0956 x 10^{53} iones/hidrogeno. Lo que aproximadamente es 1.188 por 10^{27} Kg. de masa por efecto del viento solar, a régimen actual.

Esta cantidad de masa es casi tan grande como la suma de las masas actuales de todos los planetas como vemos más adelante

b) NACIMIENTO DE PLANETAS

MASA SOLAR PERDIDA POR NACIMIENTO DE PLANETAS

La masa actual del Sistema Solar es la suma de todas las masas EME del sistema (ver LAMINA 6.- EL SOL ¿HA EXPULSADO DE SU MASA A LS PLANETAS, SUCESIVAMENTE?

Masa actual del SOL = 1.9671052 x 1030 Kg

Masa actual de los Planetas

MERCURIO	0.3344 x 10^{24}
VENUS	4.8194 x 10^{24}
TIERRA	5.98 x 10^{24}
MARTE	0.62947 x 10^{24}
JUPITER	1877.995 x 10^{24}
SATURNO	562.3954 x 10^{24}
URANO	85.766 x 10^{24}
NEPTUNO	103.070 x 10^{24}
PLUTON	0.018 x 10^{24}
Suma total de la masa de todos los planetas, hoy.	**2.6410077 x 10^{27}**

Si, como premisa, se acepta que para poner en órbita un EME solar es necesario transformar en energía una masa equivalente a cien veces la masa del EME, los datos anteriores indican que la energía consumida por el Sol para dar a luz a todos los planetas fue a expensas de un porcentaje significativo de la masa del Sol.

La pérdida de masa solar por causa de los planetas debió ser: 2.64101518 x 10^{29} Kg.

> El Porcentaje de la masa solar consumida para dar a luz a los planetas debió ser:
> 11.836652 % de la masa solar inicial.

c) RADIACION.

MASA SOLAR PERDIDA POR RADIACION

En su interesante artículo "EL SOL", E. N. Parker afirma que: "la enorme radiación de energía del sol (10^{33} ergios por segundo) no se debe solo a la combustión de un gas"; y después, "Hay manchas solares, por supuesto, pero también hay erupciones solares, asociadas con los puntos e identificadas primero por el observador inglés Richard Carrington. Un resplandor puede durar 30 minutos y emitir mil veces más energía que el conjunto el Sol desde un área de solo diez milésimas de su superficie total".

A partir de la indudable afirmación de E. N. Parker debemos aceptar que el sol pierde constantemente una enorme cantidad de masa que se transforma en energía de radiación. En la actualidad, según Parker, el sol irradia energía a una velocidad de 10^{33} ergios por segundo. Es obvio que un sol más joven debió emitir más energía pues el gradiente debió ser mayor.

Si asumimos que la pérdida fue constante, deberíamos aceptar que en 10,000 millones de años la radiación del sol habría sido:

3.1536×10^{50} ergios.

Teniendo en cuenta que 8.99×10^{23} ergios equivalen a 1 kilo-masa, se calcula que la pérdida de masa debida a la radiación cotidiana del Sol en su vida de 10,000 millones de años, ha sido, por lo menos:

M = $3.50789766 \times 10^{26}$

d) MASA SOLAR PERDIDA EN 10,000 MILLONES DE AÑOS

Hemos determinado que las pérdidas de masa del sol es la suma de:

Viento solar	1.188×10^{27}	Kg
Nacimiento de planeta	264.100×10^{27}	Kg
Radiación ...	0.3508×10^{27}	Kg
En 10×10^{10} AÑOS	**2.656388×10^{29}**	**Kg.**

Para elaborar este trabajo se establecieron ciertos supuestos

- Supuesto 1: Los planetas nacen del sol. No se consideró la masa de los satélites planetarios Ej.: La Luna
- Supuesto 2: Las pérdidas por fenómenos puntuales de radiación como fulgores y otros no han sido considerados.

- Supuesto 3: Energía necesaria para poner en órbita a los planetas ha sido equivalente a 100 veces la masa planetaria. (Arbitrario)

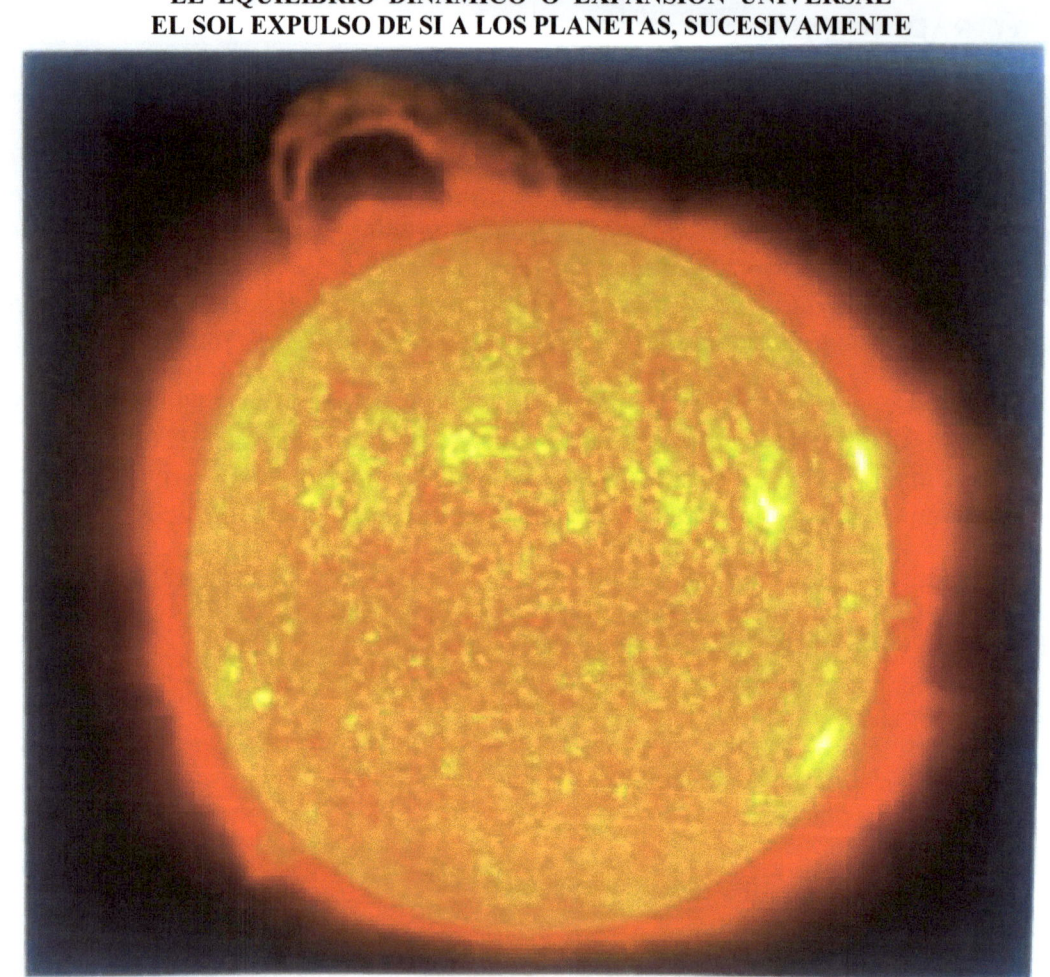

LAMINA 6
EL EQUILIBRIO DINAMICO O EXPANSION UNIVERSAL
EL SOL EXPULSO DE SI A LOS PLANETAS, SUCESIVAMENTE

Los datos comentados permiten comparar la masa actual del sol e inferir, empíricamente, la pérdida de masa sufrida por nuestra estrella a través de distintas formas tales como: nacimiento de planetas, radiación, viento solar, fulgores y otros.
(http://4.bp.blogspot.com/_KHR6uy_T8f8/S8usdsBQqqI/AAAAAAAAFHE/LuSY1jwlppc/s1600/grandprom_stereo0.jpg)

e) IMPACTO DE LA DISMINUCIÓN DE MASA SOLAR EN LOS PLANETAS SOLARES

Como hemos visto en los párrafos anteriores; durante los 10,000 millones de años que la comunidad científica asigna al sol, nuestra estrella ha perdido por lo menos 2.656388×10^{29} Kg. de su masa original.

La consecuencia ineludible es que la fuerza de atracción ejercida por el Sol sobre los planetas ha disminuido en esa proporción y, por lo tanto, la distancia entre el Sol y los planetas ha aumentado o se han variado otros parámetros del equilibrio dinámico, como la velocidad orbital de los planetas, su velocidad de rotación, otros.

9) ROTACION DE UN EME

Un planeta que recorre una órbita dada alrededor del centro del sistema mientras rota sobre sí mismo (cualquiera de los planetas del sistema solar) tuvo que comenzar su rotación en un momento y por una razón dada. Los principios de la "dinámica rotacional" pueden ayudarnos a comprender el proceso.

a) En un **Movimiento de traslación unidireccional** puro: Todos los puntos de un objeto se mueven en dirección constante y a velocidad preestablecida. Consideremos dos puntos cualquiera 'p' - 'q' y el punto centro 'cm' Hagamos : vq = vcm = vp = vm donde vp es la velocidad del punto (p) vcm es la velocidad del punto central o centro de gravedad(c) vq es la velocidad del punto (q) En consecuencia, la velocidad de cualquier partícula del móvil (vp, vq) igual a (vcm) del centro. Por lógica el móvil se desplaza unidireccionalmente.	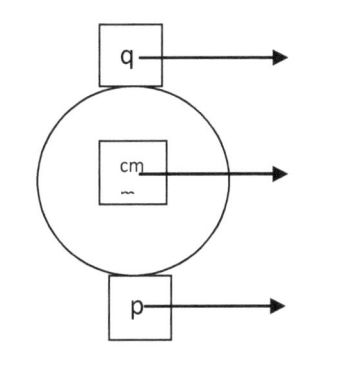

b) En una **Rotación Pura** en torno a (c), los puntos opuestos (p) y (q), equidistantes al centro (cm) del objeto, se mueven con velocidad igual pero dirección opuesta. El punto central gira pero no se desplaza
   donde :   wq = - wp
   Es decir, el centro de masa está estacionario y el objeto gira sobre sí mismo
	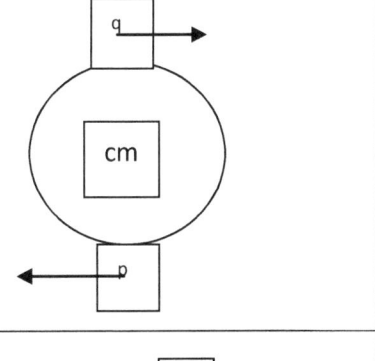

c) Movimiento combinado de **Rotación Traslación** En una combinación de **Rotación Traslación**, el objeto está simultáneamente sujeto a los movimientos descritos en los párrafos anteriores. El movimiento combinado les corresponde a la Tierra y a los planetas que giran sobre sí mismos mientras recorren sus órbitas solares.	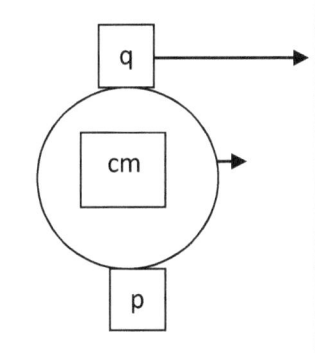

El cuadro precedente describe las diversas formas de movimiento correspondientes a: Movimiento unidireccional puro, Movimiento rotacional puro y Movimiento combinado de Rotación Traslación. Este último es el que corresponde a los planetas girando alrededor dl Sol. Es absolutamente claro que los planetas tienen movimientos adicionales que no están incluidos en el cuadro

En consecuencia, cada planeta comenzó su movimiento de traslación alrededor del Sol cuando una masa de dimensión planetaria fue expulsada del Sol y atrapada en órbita. Esa masa tenía un núcleo lo suficientemente grande como para generar gravedad y concentrarse en un cuerpo esférico.

Cuando esa masa fue expulsada, y mientras se alejaba del centro del sol, el movimiento de la masa del novel planeta fue **Traslación Pura**, es decir la masa no rotaba.

Cuando el protoplaneta fue atrapado en órbita, las condiciones de **Traslación Pura** alrededor del sol fueron modificadas por la introducción de un desequilibrio o diferencia de velocidad entre los puntos simétricamente opuestos del novel planeta; eso inició la rotación.

Cuando el planeta rota mientras recorre su órbita los puntos (q), (c) y (p) describen circunferencias de diferente radio en igual tiempo, en consecuencia sus velocidades son diferentes. (Ver esquema 'Movimiento combinado **Rotación Traslación'**)

En estas condiciones, al movimiento de "**Traslación Pura**", el planeta incorpora la "**Rotación Pura**" y desde ese momento se mueve en la condición de "**Rotación y Traslación Combinadas**" en su órbita solar. El nuevo planeta comenzó así el giro sobre sí mismo. Sin embargo, se debe considerar que el proceso tomó mucho tiempo.

10) DINAMICA DEL SISTEMA SOLAR

Cualquiera que sea su dimensión; todas las entidades 'Masa-Energía' del espacio universal, están sujetas a las leyes de Gravitación Universal. Estas leyes incluyen, particularmente, las del movimiento.

a) MOVIMIENTOS DE LOS PLANETAS, EN EL SISTEMA SOLAR

Los planetas del sistema solar están en movimiento compuesto permanente. El análisis del movimiento de los planetas permite reconocer los siguientes componentes.

- Todo el sistema solar está moviéndose con la VIA LACTEA.
- Todo el sistema solar sigue el movimiento espiral expansivo de la VIA LACTEA.
- En respuesta a la gravitación universal la VIA LACTEA está en proceso de expansión, en consecuencia el sistema solar está alejándose del centro galáctico.
- Cada uno de los planetas del sistema solar gira en torno al centro del sistema (el Sol) según trayectoria elíptica llamada órbita.
- La velocidad de los planetas varía según cierta proporcionalidad. En sus órbitas elípticas los planetas usan igual tiempo cuando recorren arcos de elipse que subtienden sectores de áreas iguales.

(Ver LAMINA 7: DATOS DE MOVIMIENTO DE LOS PLANETAS SOLARES)

La tabla de la Lámina 7 combina algunas de las características que corresponden a los planetas del sistema solar, a partir de esas características se deduce que:

- Para cada planeta, la relación entre el PERÍODO SIDERAL y el PERÍODO DE ROTACIÓN es característica.
- Los planetas jóvenes MERCURIO y VENUS giran lentamente sobre sí mismos; para eso, sus días son "casi" equivalentes a sus años.
- Desde la TIERRA en adelante, los tiempos de rotación se vuelven más pequeños, sin relación aparente con sus diámetros y / o masas.
- La declinación de los ejes planetarios es similar para MERCURIO, TIERRA, MARTE, SATURNO y NEPTUNO con valores que oscilan entre 23 ° 27 'y 28 ° 48'; para VENUS y JUPITER están cerca de 3 °, la rotación de URANO es atípica; para el mundo científico PLUTON ha dejado de ser planeta.
- La dimensión temporal de un año planetario se da cuando el planeta completa una órbita total
- Cada planeta gira en torno a su propio eje. Los extremos del eje definen los polos del planeta.
- Un giro sobre sí mismo establece la dimensión temporal del día, para ese planeta.
- Como cada planeta tiene una inclinación (declinación) respecto del plano de la eclíptica. Esta característica define sus estaciones climáticas.

b) CANTIDAD DE MOVIMIENTO

En el Sistema Solar, los movimientos de los planetas (rotación, traslación y declinación del eje) están íntimamente ligados por el principio de "Conservación de la cantidad de movimiento" enunciado por Newton en su segunda ley, con su ecuación:

$P = m.v$

DONDE:
$P =$ Cantidad de movimiento
$m =$ Masa Planetaria
$v =$ Velocidad total del planeta

De acuerdo a este principio se constata que:

- ***Si, la suma o resultante de las fuerzas externas que actúan sobre un cuerpo es cero, la cantidad de movimiento de ese cuerpo es constante.***
- La fuerza de atracción ejercida por el Sol sobre cada planeta y viceversa, es función de las masas; cualquier variación en la magnitud de esas masas se convierte en una "fuerza externa" que actuará sobre todo el sistema y sobre cada uno de los planetas. Según el principio de "Conservación de cantidad de movimiento", el cambio de masa produce una variación en la cantidad de movimiento del sistema y sus componentes.
- Al interior del Sistema Solar; los movimientos de Rotación, Traslación e inclinación de los ejes de los planetas están íntimamente ligados; esto se constata en la Tabla de la LÁMINA 7 constatando que:

- La velocidad total de los planetas tiene valores decrecientes, desde MERCURIO con 48 km/seg. hasta PLUTON con 4.9 km/seg.

LAMINA 7
EL EQUILIBRIO DINAMICO O EXPANSION UNIVERSAL
DATOS DE ROTACION Y TRASLACION DE LOS PLANETAS SOLARES

Para los datos de 'Período de Rotación' de Urano, Neptuno y Mercurio; referirse a la LAMINA 3

c) EFECTOS DE LA PÉRDIDA DE LA MASA SOLAR

La pérdida constante de masa solar produjo la disminución de la fuerza de atracción del Sol sobre los planetas; la consecuencia ha sido la expansión constante del sistema. El porcentaje de pérdida de masa solar es pequeño, en tiempo humano, pero afecta algunas características de los planetas como: distancia al Sol, velocidad de rotación, velocidad orbital y otros.

Considerando que, la pérdida de masa solar es lenta y pequeña; el impulso que produce esa disminución es insuficiente para, en tiempo humano, alterar significativamente la órbita del planeta. Sin embargo, una gran pérdida de masa puede romper el equilibrio del sistema y producir consecuencias catastróficas en cada planeta.

Por otro lado, la variación de distancia entre los planetas y el Sol también se ve afectada por el cambio constante de la posición relativa entre los planetas. Esta circunstancia introduce factores que generan cambios en la cantidad de movimiento del sistema, pero también en cada uno de sus componentes.

Desde el punto de vista TERMODINAMICO, es interesante indicar que si un planeta (como la Tierra) siempre tuvo una declinación "cero", el clima no tuvo cambios a lo largo del tiempo y siempre fue igual, sin nuestras estaciones climáticas. Si este planeta girara a una distancia suficiente del Sol, el ecuador de este planeta tendría un clima cálido permanente, mientras que los polos se cargarían gradualmente con hielo en un proceso, similar a las Edades del Hielo de la Tierra. ¿Eso fue lo que le pasó a la tierra en el pasado? En algún momento del pasado, ¿la declinación de la Tierra fue cercana a cero?

Por otro lado, es evidente que una variación (declinación) de inclinación del eje, más o menos grande y rápida, produciría fuerzas dinámicas lo suficientemente grandes como para explicar enormes variaciones en la estructura de la corteza, el crecimiento planetario, el material emergente del suelo oceánico, el distanciamiento progresivo de los continentes, la enorme fuerza superficial que originó los sistemas de cordillera y muchos otros fenómenos.

11) EMISION DE MASA Y ENERGIA DESDE LOS PLANETAS

EQUILIBRIO DINÁMICO EN SISTEMAS PLANETARIOS

La atracción universal ha extraído una enorme cantidad de energía y materia del Sol; pero esto también es cierto en el caso de los planetas, porque los planetas también le han dado energía y materia al espacio desde su nacimiento.

Para cada planeta en su propia órbita, el principio del equilibrio dinámico exige ciertos parámetros de: masa, distancia, velocidad orbital, velocidad de rotación y otros. Pero el mismo principio también exige que, si alguno de estos parámetros varía, el sistema debe tener la capacidad de restablecer el equilibrio dinámico correspondiente a las nuevas condiciones; de lo contrario, el sistema se colapsaría.

Es un hecho que el Sol y los planetas pierden masa permanentemente, pero esa pérdida no ha producido el colapso del sistema. Consecuentemente, el equilibrio ha sido restaurado por cambios de otros parámetros tales como velocidad orbital, velocidad de rotación, cambio de declinación planetaria, distancia entre planetas y Sol. Todo lo cual implica cambios en la dimensión física y la densidad de los componentes del sistema Sol y planetas.

a) FUERZA CENTRIFUGA VS. FUERZA CENTRIPETA

En un sistema planetario en equilibrio dinámico, sea cual sea su dimensión, la Fuerza de Atracción o centrípeta (Fa) es igual a la Fuerza Centrifuga (Fc)

Es decir que: $Fa = Fc$

Las componentes de estas fuerzas fueron estudiadas y definidos por Newton

(2) $$Fa = G \frac{M \cdot m}{r^2}$$

y

(3) $\quad Fc = m \dfrac{v^2}{r}$

DONDE:
- M   es la masa actual del foco
- m   es la masa actual del satélite
- G   es la constante de atracción universal
- r   es la distancia actual entre masas
- v   es la velocidad actual del satélite

Del análisis de las ecuaciones (2) y (3) se desprende que; en el caso de producirse una disminución en la magnitud de la Masa Foco (M), la Fuerza de Atracción (Fa) se hará proporcionalmente menor y, en contraste, la Fuerza Centrífuga (Fc) se haría mayor.

Esto conduciría al desequilibrio instantáneo del sistema y la ecuación (1) se transformaría en:

(4) $\quad Fa < Fc$

Si el desequilibrio no es compensado tendería a aumentar indefinidamente produciendo el colapso del sistema por fuga (aumento de distancia) de los planetas. Sabemos que esto es mecánicamente imposible porque el momento de inercia (vm) de un cuerpo en rotación es constante En otras palabras al producirse el desequilibrio instantáneo, el satélite disminuye su velocidad orbital, y aumenta su velocidad de rotación, esto hace que la (Fc) se haga menor y la igualdad de (1) se restituya; es decir:

(5) $\quad Fa = Fc$

En el caso del Sol y sus planetas, la diferencia entre (M) (masa solar) y (m) (masa del satélite) es muy grande, por lo que las pérdidas (relativamente) insignificantes en (M) son absorbidas por ajustes humanamente imperceptibles de: distancia (r)) del satélite al centro del sistema, velocidad orbital (v) del satélite, velocidad de rotación y / o cambios en la declinación.

La existencia inobjetable del viento solar y la radiación energética de las estrellas muestran que la pérdida de masa focal (M) en cualquier sistema sideral es constante. A consecuencia de esos factores, la fuerza de atracción del foco sobre los componentes del sistema disminuye constantemente. La respuesta natural de los satélites del sistema es reducir su velocidad orbital (v), aumentar su velocidad de rotación y aumentar su distancia (r) al foco del sistema.

Este principio se extiende a todos los sistemas formados por un foco, que concentra un porcentaje muy grande de la masa del sistema y elementos que giran alrededor de él; como nebulosas estelares o sistemas que se expanden constantemente.

Considerando todo lo anterior, la ciencia puede afirmar que: en el sistema solar, el centro de energía (Sol) pierde masa-energía constantemente, lo que se demuestra por:

- Viento solar
- Energía disipada en forma de calor, hondas de diversa naturaleza, otros
- Planetas nacidos del Sol
-

En consecuencia:

- La expansión del Sistema Solar se inicia con el nacimiento del sistema.
- Los planetas nacieron del sol a consecuencia de liberaciones de masa-energía de enorme magnitud que, en fenómenos sucesivos pusieron en órbita solar materia en magnitud apropiada.
- Los planetas se alejan del Sol constantemente
- Cada planeta es, en sí mismo, un sistema en constante expansión.
- La expansión de los planetas es consecuencia de su propia pérdida de masa-energía
- Las emisiones de masa, u otro desequilibrio solar de cualquier magnitud, se reflejan en todo el sistema.

12) EL SISTEMA SOLAR… ¿SE EXPANDE?

APRECIACION EMPIRICA

La tabla de datos del Sistema Solar actualizada mostrada en LAMINA 1 - "TABLA DE DATOS - SISTEMA SOLAR", es una reproducción de la que aparece en el artículo "El Sistema Solar" de Carl Sagan, que resume las principales características de los planetas   En la Tabla se constata que:

a. La densidad de los planetas disminuye a medida que aumenta la distancia al sol. Mientras que cada planeta es en sí mismo un EME, la densidad decreciente en congruencia con una distancia mayor sugiere eso; el planeta más lejano ha perdido un porcentaje mayor de su masa original y, en consecuencia, a una distancia mayor del sol la edad del planeta es mayor.

b. Teniendo en cuenta que el número de satélites es mayor si el planeta es más grande o su distancia al sol es mayor o ambos, se puede inferir que existe una ley de proporcionalidad que relaciona el número de satélites con el tamaño del planeta y / o su distancia al sol y / o su edad

c. La velocidad orbital del planeta disminuye a medida que aumenta la distancia al Sol. Este fenómeno está relacionado con el principio de "CANTIDAD DE MOVIMIENTO" en el sentido que; cuando la fuerza de atracción (centrípeta) disminuye como resultado de la pérdida de masa del Sol, el planeta compensa la variación de su "momento angular" disminuyendo su " velocidad orbital" mientras aumenta la distancia que lo separa del centro del sistema.

d. La disminución de atracción central o los desbalances que se producen en un sistema energético hacen asimétrico el sistema. Eso afecta la ecuación de la atracción. Por tanto se puede afirmar que la distancia, de los planetas al Sol, se incrementa como consecuencia ineludible de la pérdida de masa que sufre el Sol por diferentes causas: radiación, viento solar, nacimiento de nuevos planetas y otros.

e. De la dimensión de masa de los planetas se colige que, el sistema solar ha atravesado por diferentes períodos de asimetría.

f. En el momento inicial con la masa aun concentrada e intacta, el sistema solar estuvo cercano a lo simétrico y su poder de atracción gravitacional fue máximo.

g. La primera asimetría debió producirse al interior del foco planetario (Sol), el producto de esa asimetría fue el nacimiento del primer planeta.

h. Sucesivas asimetrías dieron origen a los demás planetas.

CONCLUSION

- La Expansión Universal equilibrada es consecuencia de la Gravitación Universal.
- Todos los Entes Masa Energía (EME) están sujetos a la Gravitación Universal sea cual sea su dimensión o estado energético.
- El Equilibrio Energético Dinámico que armoniza la relación entre los EME y su entorno, gobierna y controla las transferencias de Masa-Energía.
- Toda alteración armónica del Equilibrio Dinámico de cualquier EME, lo afectará en magnitud proporcional a la magnitud de la alteración.
- Las alteraciones inarmónicas pueden generar reacciones incontrolables, pues pueden generar cadenas de factores ajenos, para los que el EME podría no estar preparado.
- Hoy día en la tierra, Gobiernos, Empresas, Fuerzas Armadas y grupos terroristas tienen capacidad para producir alteraciones inarmónicas; es por ello que repito lo que dije hace tiempo:

"El ser humano de hoy ¿Superará a Adán su mítico padre? ¿Conservaremos nuestro Paraíso?"

NUESTRA UNICA TIERRA

EL EQUILIBRIO DINAMICO

Y

LA TIERRA

Autor: Luis Javier Artieda Carpio

LIBRO DOS

LA TIERRA
INDICE

La tierra ¿se expande dinámica y equilibradamente?
1) Hipótesis: La Tierra se expande Dinámica y equilibradamente.
2) Calendarios de culturas antiguas
3) La Tierra
4) Fuerza Centrífuga vs Fuerza Centrípeta
5) Radios de esferas que crecen
6) Intento cronológico
7) Los Continentes y el Equilibrio Dinámico
8) Escurrimiento Inercial Magma Tectónico
9) Cinturones o Bandas Magnéticas
10) Los Continentes y la Expansión
11) Estructuras Terrestres de desarrollo Tectónico Similar
12) Sistemas de cordillera de América y Euro-Asia
13) Los Océanos
   CONCLUSION

INDICE DE LÁMINAS

Lámina 1	PROCESO DE EXPANSION DE LA TIERRA
Lámina 2	EXPANSION DEL PALEOZOICO A NUESTROS DIAS
Lámina 3	EVOLUCION DEL OCEANO ARTICO
Lámina 4	EVOLUCION DEL CONTINENTE ANTARTICO
Lámina 5	FORMACION DE CORDILLERAS TERRESTRES Y OCEANICAS
Lámina 6	PECES PULMONADOS
Lámina 7	AUSTRALIA, PAPUA, NUEVA GUINEA, NUEVA ZELANDIA.
Lámina 8	GOLFO DE MEXICO, MAR CARIBE Y PARTE DE SUDAMERICA
Lámina 9	ESCURRIMIENTO INERCIAL MAGMA-TECTONICO
Lámina 10	FAJAS MAGNETICAS
Lámina 11	CORDILLERAS DE ESPAñA A CHINA
Lámina 12	CORDILLERAS DE ALASKA A PATAGONIA
Lámina 13	NUEVA ZELANDIA Y EL ENTORNO SUBMARINO
Lámina 14	PENINSULA INDONESIA, MALASIA, INDONESIA, FILIPINAS, PAPUA
Lámina 15	PATAGONIA, PENINSULA ANTARTICA, ISLAS SANDWISH
Lámina 16	ESTRUCTURAS TERRESTRES DE DESARROLLO TECTONICO SIMILAR
Lámina 17	OCEANO PACIFICO Y LECHO – NORTE, CENTRO Y SUR
Lámina 18	OCEANO ATLANTICO CENTRO, SUR Y LECHOS
Lámina 19ª	OCEANO ÍNDICO NORTE Y SU LECHO
Lámina 19B	OCEANO ÍNDICO SUR
Lámina 20	ARCOS INSULARES DE ESCURRIMIENTOS ESCALONADOS DE MAGMA
Lámina 21	ARCOS DE MAGMA POR DE EXPANSIONES DE LA TIERRA (Mar de Bismark)
Lámina 22	ARCOS INSULARES PRODUCTO DE EXPANSIONES DE LA TIERRA
Lámina 23	MAR DE LA CHINA, FILIPINAS, JAPON Y LECHO OCEANICO
Lámina 24	PLACA COCOS
Lámina 25	MAR ARABIGO
Lámina 26	OCEANO ANTARTICO Y LECHO
Lámina 27	OCEANO GLACIAL ARTICO Y LECHO

LIBRO DOS

EL EQUILIBRIO DINAMICO Y LA TIERRA

LA TIERRA, ¿SE EXPANDE EN PROCESO DINÁMICO BALANCEADO?

A partir de la última década del milenio anterior, la humanidad está tomando conciencia del deterioro ecológico que afecta a nuestro planeta; el calentamiento global, las grandes espirales de basura plástica que crecen incontenibles en los océanos y exterminan la vida acuática sin solución aparente, el "accidente" de la plataforma de BP (British Petroleum) que en el golfo de México descubrió peligrosos flancos relacionados con la perforación profunda y el llamado "fracking hidráulico" bajo océanos y continentes. Estos hechos son parte de una realidad rampante que hoy coexiste con el ser humano.

Esa rampante realidad pone de manifiesto que los derechos de la humanidad son afectados cada vez más por la libérrima acción de empresas que, apoyados en leyes ad-hoc, mantienen sus peligrosas prácticas operativas en el limbo de la confidencialidad y el secreto operacional excluyente con anuencia de los gobiernos. Es por ello que, hoy 2017, creo pertinente reproducir lo que dije en 1987.

1987

"EL Equilibrio o Expansión del Diámetro de la Tierra"

En Lima en una conferencia universitaria dije:

"Creo en la expansión equilibrada de la esfera terrestre, desconozco si otros, en cualquier parte, hayan escrito sobre el asunto; solo espero que la idea sea evaluada y logre el aporte de mentes claras y educadas.

En lo que a mí respecta trataré de profundizar este tema en el futuro.

Creo que la pérdida de energía a través de la corteza y la medición exhaustiva de esta radiación deben estudiarse y explicarse para establecer la relación entre los procesos geotérmicos internos de la tierra y la expansión terrestre.

La dificultad para establecer certeza sobre estos o problemas similares nos enseña que este es un campo de gran incertidumbre; sin embargo, creo firmemente que definir la materia del núcleo de la Tierra como: "masa en el proceso de expansión radiactiva" proporciona la energía geodinámica necesaria para la expansión".

Luis Javier Artieda Carpio

1) HIPOTESIS: LA TIERRA SE EXPANDE DINAMICA Y EQUILIBRADAMENTE

Las hipótesis de "Deriva de los continentes", "Expansión del Diámetro Terrestre" y "Placas Tectónicas" han sido discutidas a través del siglo XX

I.

"Como dicen Bucher (1941), Teichert (1952), Wunderlinch (1962) (1969, Wilson (1963) Gerwin (1968), Runcorn (1962, 1963), es difícil, desde el punto de vista teórico comprender como varias masas de dimensión continental y posiciones distintas se hubieran separado al mismo tiempo de un complejo común, desplazándose en direcciones diferentes.

Las investigaciones llevadas a cabo durante el Año Geofísico (1957-1958) sobre la porción inferior de la corteza y el manto de la Tierra pusieron en evidencia notables diferencias entre las constituciones internas de África, América y Europa que no pueden interpretarse simplemente como una supuesta antigua unión de bloques, Así por ejemplo el espesor de la capa basáltica debajo de la corteza terrestre es de 30 Km. en América del Norte, de 15 a 20 Km. en Europa y gran parte de Asia, en Chile alcanza unos 55 Km y en África sólo 38 Km. de profundidad. Al tener en cuenta los resultados obtenidos, Cloos y Behnke (1961) dudan que América y África hubieran constituido alguna vez una masa continental".

Los anteriores argumentos parecen dejar sin base al hipótesis de la deriva continental que es, posteriormente, replanteada a través de la "Expansión del Diámetro de la Tierra", expuesta por P.A. Dirak, que la explica como una consecuencia de la atracción universal; esto pone en el tapete la preguntas, ¿Porqué el diámetro se expande?, ¿Porqué los continentes derivan?, y ¿Cuál es la fuerza origen de estas deformaciones?

En la hipótesis de la "Expansión del Diámetro" se corrigen incongruencias de la "Deriva de los Continentes", manteniéndose los elementos más importantes e introduciendo la dilatación terrestre como ingrediente nuevo e importante que de por sí explica la Migración de los continentes.

La Hipótesis de las "Placas Tectónicas" pretende que los bloques continentales o placas geotectónicas (Isaaks, Le Pichon, Morgan) sufren un escurrimiento sobre las placas oceánicas. Según Ruegg ya Stille discutía en 1958 el "Sobre escurrimiento" del Bota Catrón Pacífico por la Megagea a lo largo del margen pacífico.

A pesar de su innegable interés, esta hipótesis es atacada desde el ángulo de los focos sísmico pero especialmente cuando:

II.

"Como resultado de investigaciones oceanográficas recientes, del buque científico norteamericano "James Gillis", se atribuye a las rocas volcánicas más antiguas de la cordillera del Pacífico Oriental, la edad mesozoica. Dwey y Bird (1970) indican que el sobre escurrimiento de la Placa Americana y Costa Continental se habría

realizado existiendo ya la cordillera de los Andes. Ambas teorías se hallan en discrepancia con el desarrollo histórico de la geología del área andina

El geosinclinal andino experimentó un proceso casi ininterrumpido de hundimiento general desde el principio del Mesozoico. El levantamiento de los Andes a su altura actual se produjo recién durante el Plioceno y Pleistoceno, es decir en tiempo geológico moderno.

La hipótesis de las placas se refiere únicamente al aspecto geográfico actual de la América del Sur y no toma en consideración las condiciones paleo geográficas de los últimos 200 millones de años de evolución continental cuando el geosinclinal andino tuvo un ancho de 500 Km. más o menos y una profundidad considerable.

III.

El geosinclinal andino, actualmente ocupado por una de las cordilleras más comprimidas y altas del mundo ha sido una de las zonas de sumersión más notable (más de 30,000 metros de sedimentos y hasta 20,000 metros de roca volcánica) de movilidad extraordinaria hasta el Pleistoceno y de una actividad volcánica muy intensa durante el Jurásico, Cretácico y Terciario.

I.- Deriva de Continentes - Historia Marítima del Perú. Tomo I Vol. I. El Mar Gran Personaje

II. - Placas Tectónicas - Historia Marítima del Perú. Tomo I Vol. I. El Mar Gran Personaje

III. Placas Tectónicas - Historia Marítima del Perú. Tomo I Vol. I. El Mar Gran Personaje

Este trabajo pretende demostrar que la hipótesis de "Expansión de diámetro terrestre" corrige algunas inconsistencias de las hipótesis "Deriva continental" y "Placas tectónicas", por lo que revisará importantes fenómenos de geología terrestre y propondrá explicaciones congruentes con la "expansión".

En este sentido, el autor plantea que:

Estando demostrado (por las muestras recogidas en el fondo del océano) que el primer desgarrón de la corteza dio origen al Océano Pacífico, es congruente aceptar que este enorme esfuerzo geotectónico inició una cadena fenomenológica cuyos eslabones incluyen:

El sistema primitivo de cadenas montañosas en la América original, fue formado por la cordillera de los Andes, las montañas Rocosas de América del Norte, la Sierra Madre en México y otros en el área terrestre que más tarde se conocerá como América Central. Todas estas cadenas estaban conectadas en sucesión a través del continente primitivo.

El proceso de separación entre Alaska y la península de Chukotka dio lugar, en el lado asiático, a las montañas Koriakor y Kolima, aún no divididas; los Mares de Japón, Amarillo y del Sur de China que no eran más que pequeñas grietas en proceso de ampliación.

La Península Indochina unida a la India, Sumatra, Jaba, Borneo, las Célebes y Australia, cercanas al África y la Antártida, ocupaban la casi totalidad del Océano Indico, y el ensanchamiento de ese océano las proyectó a sus actuales posiciones geográficas.

América se estrechaba al África, la cual estaba separada a Europa por una delgada grieta que se convertiría, a través de los milenios, en el mar Mediterráneo.

Lo que más tarde sería "La Patagonia", envolvía el Cabo de Buena Esperanza y estaba soldada al Continente Antártico por el actual borde externo de la Península Antártica.

Este panorama sui generis era parte de la corteza terrestre primitiva, en la que llanuras continentales grandes y planas no presentaban aún los accidentes de hoy, y la mayor parte estaba sumergida en un océano aparentemente mayor que el actual pues, con un volumen de agua similar a nuestros océanos actuales, cubría una esfera terrestre de quizás 10.000 kilómetros de diámetro.

Como ya se dijo, estudios geológicos realizados a partir de la década del novecientos cuarenta asignan la mayor antigüedad a la fosa del Océano Pacífico (mesozoico). La aparición de la dorsal del Atlántico es posterior. El Océano Indico es contemporáneo al Pacifico pero su proceso es diferente.

Al expandirse, la Tierra aumentó su superficie esférica sobre la que llevó las piezas continentales originales proyectándolas radialmente.

La diferencia de curvatura entre la esfera base y el delgado, pero rígido, casco de la corteza hizo que se produjeran esfuerzos superficiales de acción y reacción reflejados en la formación de océanos, cordilleras, arcos insulares, fosas marinas, cuencas fluviales, depresiones, mares interiores, lagos, golfos, penínsulas y mucho más.

De otro lado, la existencia de bandas con magnetismo opuesto, paralelas a las dorsales oceánicas, generó la hipótesis de Inversión de Polaridad Magnética de los Polos terrestres cada cierto número de millones de años. Este trabajo plantea, más adelante, una explicación alternativa.

2) CALENDARIOS DE CULTURAS ANTIGUAS

En 1970 comencé a interesarme por estos temas, y al mismo tiempo aprendí que el Calendario Maya testificaba; la dimensión temporal del año de la Tierra fue solo de 360 días. Al principio no presté atención a este detalle.

No existe motivo alguno para negar esta afirmación, los Maya han dejado muestras incontables e indiscutibles de precisión, conocimientos astronómicos, capacidad de interpretación científica y avance tecnológico.

Por otro lado, muchos otros calendarios ancestrales coinciden en que hubo cambios en la dimensión temporal del año solar y el año lunar. Algunos de estos calendarios acusan un año solar de 360 días. A esa dimensión temporal se aplican correcciones para alcanzar la dimensión de 365.26 días del año actual.

Ese cambio sugiere que la velocidad orbital y/o la dimensión de las órbitas terrestre y Luna han cambiado. Así mismo plantea que el sistema Tierra-Luna se habría alejado del centro del sistema solar (el Sol)

Teniendo en cuenta los cambios que Mayas, Egipcios, Hindúes, Chinos y otros acusaron en sus calendarios, me pregunto:

¿Estos cambios reflejan algún cambio en la velocidad orbital de la Tierra? ¿En qué se transformó la energía cinética perdida en ese cambio de velocidad? Es decir: ¿cómo fue que el año terrestre de 360 días, registrado por ellos, se convirtió en nuestro año de 365.26 días?

¿Significó un cambio del equilibrio cinético? En otras palabras, la desaceleración de la Tierra ¿implicó disminución de Energía Cinética terrestre?

Esto obedece a la fórmula general de la Energía Cinética (Ec):

$Ec = \frac{1}{2}(2/5 m.r^2) w^2 + \frac{1}{2} m.v^2 + otros$

PREMISA: ¡La energía no se crea ni destruye, solo se transforma!

Energía Cinética de un EME y el Calendario Maya

Cada EME está sujeta a diferentes formas de energía cinética que se agregan; lo que da como resultado el total de energía del EME. Esto se expresa en la siguiente fórmula

$Ec_T = Ec_r + Ec_t + otros$

Dónde:
Ec_T = Energía Cinética Total
Ec_r = energía cinética de rotación
Ec_t = energía cinética de movimiento orbital

Esta relación se representa en la siguiente fórmula general:

$Ec_T = \frac{1}{2}(2/5 m.r^2) w^2 + \frac{1}{2} m.v^2 + otros$

Para efecto de este estudio tomaremos en cuenta, solo, lo correspondiente a:

$Ec_r = \frac{1}{2}(2/5 m.r^2) w^2$ (Energía Cinética de rotación)

y

$Ec_t = \frac{1}{2} m.v^2$ (Energía Cinética de movimiento orbital)

Y su equivalente

$$1/2 \; m.v^2 = 1/2 \; m \, (S/t)^2$$

Donde

'S' es la longitud de la órbita
't' es el tiempo de recorrido de la órbita.

Sin embargo, recordemos que los calendarios de culturas antiguas como el de los Maya registraron un tiempo anual de solo 360 días; esto nos dice que el tiempo 't' aumentó a (t + dt) lo cual hace que 'Ec_t' cambie a:

$$Ec_t = 1/2 \; m \, [S/(t + \partial_t)]^2$$

De ser cierto el dato de los Calendarios ancestrales, el sistema Tierra debió responder cambiando en alguna forma los parámetros de Ec_t, Ec_r y otros; pero, preservando el valor de Ec_T para cumplir con la premisa ¡La energía no se crea ni destruye, solo se transforma!

En otras palabras, el cambio de Ec_t indica que hubo un aumentó de longitud de órbita 'S' pero el 't' de recorrido de órbita aumentó también según:

$$Ec_t = \tfrac{1}{2} m \, [(S + \partial s)/(t + \partial t)]^2$$

De esta forma la equivalencia energética se habría mantenido.

a) Si por el contrario, Ec_t cambió con
$$(S/t)^2 < [S/(t + \partial t)]^2$$
Todo el sistema será afectado por la disminución de velocidad orbital y para compensar se debieron producir otros cambios.

En conclusión, la variación de 't' también traerá cambios compensatorios en otras variables de la ecuación de Ecr (energía cinética de la rotación)

$$Ec_r = \tfrac{1}{2} (2/5 m.r^2) \, w^2 \quad \text{que cambiaría a}$$

$$Ec_r = \tfrac{1}{2} (2/5 m.r^2) \, (w + \partial w)^2$$

Los cambios en Ec_r y Ec_t hacen que Ec_T permanezca intacto.

Como sabemos, nuestro Sol pierde masa y energía cada segundo en gran cantidad y, a través de eventos catastróficos, pérdidas no cuantificables que afectan y han afectado a nuestro planeta.

Si la observación del antiguo calendario maya era cierta, podemos concluir que:

- El incremento anual de 5.26 días en (t) (tiempo de viaje en órbita) debe haber producido un cambio significativo de la Ec_T (Energía Cinética Total)
- Es decir, en el momento de las mediciones mayas y otras culturas, la velocidad de traducción era más alta desde que el planeta recorrió su órbita (S) en un tiempo (t) de 360 días, hoy lo hace en 365.26 días.
- Por definición, la Ec (energía cinética) es constante, en consecuencia, cualquier cambio del tiempo de ocurrencia de un fenómeno implica que otros parámetros de la ecuación cambiarán para compensar.

- Teniendo en cuenta que las culturas antiguas observaron y registraron una variación significativa en la velocidad orbital de la Tierra, debemos preguntarnos: ¿Qué causó el cambio en (t) (tiempo de recorrido de la órbita)? ¿Qué otro parámetro ha cambiado debido a esa variación?
    - La longitud de la órbita (S) parece haber cambiado, pero al igual que el tiempo (t) es "variable dependiente", en consecuencia (t) y (S) no tienen la capacidad de variar por sí mismos.
    - La distancia (r) de la Tierra al Sol habría variado, pero es una "variable dependiente", en consecuencia (r) no tiene capacidad de variar por sí misma.
    - La velocidad orbital (v) de la Tierra habría variado, pero también es una variable dependiente, en consecuencia (v) no tiene capacidad para variar por sí misma
    - La velocidad angular o de rotación (w) de la Tierra habría variado pero también es variable dependiente, en consecuencia (w) no tiene capacidad de variar por sí misma
    - De todas las variables descritas, la masa de la Tierra (m) y la masa del Sol (M) varían constantemente en respuesta a la Gravitación Universal. En consecuencia, (m) y (M) son, en el sistema solar, las únicas variables independientes de la energía cinética
- Si aceptamos el aumento de 5.26 días en el año, debemos aceptar que la Tierra perdió masa en cantidad significativa; la consecuencia lógica es que los calendarios antiguos dan certeza de que la variación de masa de la Tierra puede observarse y quizás medirse en lapsos humanos.
- Otra consecuencia lógica es: gracias a los calendarios antiguos (como el de los Maya) podríamos afirmar que los cuerpos celestes pierden masa y que esa pérdida se refleja en expansión.
- Otra consecuencia lógica es: gracias a los calendarios antiguos (como el de los mayas) podríamos afirmar que los cuerpos celestes pierden masa y que la pérdida se refleja en la expansión.
- Por similitud, podemos inferir que: cada cuerpo celeste se expandirá como resultado de su pérdida de masa y energía y, como la Tierra es un cuerpo celestial que pierde masa constantemente, **LA TIERRA SE EXPANDE**

3) LA TIERRA

Para efectos de esta parte del trabajo, consideraré al planeta Tierra con características de Ente Masa-Energía (EME) que ya fue definida en el 'Libro UNO' (***EL EQUILIBRIO DINAMICO O*** *EXPANSIO UNIVERSAL*).

La Tierra como todos los planetas, es un EME en proceso de reducción de masa-energía y expansión volumétrica.

El primitivo centro energético del sistema solar se expandió dando origen a los diferentes protoplanetas, uno de ellos fue la Tierra.

A través del tiempo, el protoplaneta Tierra radió energía y materia, a costa de su masa y, poco a poco, pasó a la condición de planeta.

Debido a la constante pérdida de energía la capa exterior, del Protoplaneta Tierra, se solidificó formándose la corteza rígida original. A partir de ese momento cualquier acumulación inarmónica de energía se liberó a través de procesos termo-tectónicos de magnitud variable. En la etapa de consolidación la temperatura de la cortea debió ser alta, su contextura plástica y en algunos partes elástica. Cambios químicos, como procesos de oxidación y otros, transformaron esa plasticidad en rigidez iniciándose la erosión eólica e hidráulica.

a) EL MOTOR DE EXPANSIÓN TERRESTRE

Partiendo del supuesto que la Tierra tiene una vida de 4.500 millones de años y, considerando que la edad de las rocas más antiguas de la corteza es aproximadamente 3.500 millones de años, suponemos que el tiempo pre-geológico de la Tierra fue de 1.000 millones de años.

Durante el tiempo pre-geológico la Tierra se comportó como micro estrella, por tanto la pérdida energética fue muy grande. La 'pequeña' dimensión terrestre permitió una pérdida de energía relativamente rápida en comparación a cuerpos mayores como el Sol. A través del tiempo pre-geológico, del interior de este protoplaneta en proceso de enfriamiento, emergió material de baja densidad que cubrió la superficie de la esfera y formó la primitiva corteza rígida. Sin embargo el interior del globo continuó emitiendo suficiente energía para mantener la corteza inestable y a alta temperatura.

Si aceptamos que la energía liberada se produce en procesos radiactivos generados por elementos pesados y densos, cuando están más cerca del centro de la Tierra, sería lógico suponer que el centro de la esfera terrestre está formado por un núcleo muy denso, en el cual los límites atómicos aún no han nacido; por tanto el núcleo de la tierra está formado por una masa de "plasma nuclear" de muy alta energía, en equilibrio dinámico.

La transformación del plasma nuclear a formas elementales da origen al átomo. Este proceso genera liberación de energía radiactiva; lógicamente, el volumen aumenta y la densidad disminuye.

Hemos visto que la energía liberada desde el interior del planeta sigue un proceso complicado, que se produce en un medio de "equilibrio dinámico termo-energético". Este proceso ocurre, necesariamente, conectado con la variabilidad de dimensión del globo. En consecuencia, es necesario aceptar que la expansión del planeta es consecuencia de la pérdida de masa y energía.

Del análisis precedente podemos concluir que:

- Al final de su período de protoplaneta, la Tierra era una esfera de menor diámetro que en la actualidad
- Inicialmente, la corteza estaba formada por todas las piezas continentales juntas, sin deformación significativa.
- Como el plasma nuclear aumenta de volumen durante su "condensación" hacia formas atómicas, ello produce: fuga energética hacia el espacio, aumento de presión al interior de la esfera, expansión de la esfera y deformación de corteza.
- La expansión agrietó la corteza y permitió que el material fluyera del interior a la superficie. El material emergente llenó las grietas, se unió al resto de la corteza y

formó parte del fondo del océano. Esto ocurre actualmente cuando el magma fluye por grietas o volcanes, a través de la corteza continental o submarina.
- El proceso de expansión constante, conduce a un estado permanente de equilibrio dinámico, en constante cambio.
- El proceso de equilibrio dinámico terrestre en expansión obedece a la pérdida de masa y energía, pero se ve afectado por varios factores, tales como: cambios en la rotación, cambios en el recorrido de su órbita y muchos otros.

4) FUERZA CENTRÍFUGA VS. FUERZA CENTRÍPETA

En el Libro 1 "*EL EQUILIBRIO DINAMICO O EXPANSIO NIVERSAL*" dijimos que: en un sistema planetario, sea cual sea su dimensión, la Fuerza Centrípeta (Fa) es igual a la Fuerza Centrífuga (Fc), de instante a instante.

Es decir:
(1) $Fa = Fc$

En la que:
(2) $Fa = G \cdot M \cdot m / r^2$

Y
(3) $Fc = = m v^2 / r$

Dónde:
M = masa terrestre
m = masa de cada uno de los elementos de la corteza considerados aisladamente.
G = la constante de atracción universal
r = la distancia entre el centro de la Tierra y cualquier parte de la corteza, considerada de forma aislada.
v = velocidad de rotación del ecuador de la Tierra

Analizando las ecuaciones (2) y (3) se sigue que en caso de una disminución de la masa de la Tierra (∂M) por radiación de masa y / o energía, la Fuerza de Atracción (Fa) será proporcionalmente más pequeña y, por el contrario, Fuerza Centrífuga (Fc) sería comparativamente mayor, como se indica en la ecuación (5)

(4) $G \dfrac{Mm}{r^2} = m \dfrac{v^2}{r}$

- si M disminuye -

(5) $G \dfrac{(M - \partial M)m}{r^2} < m \dfrac{v^2}{r}$

Esto lleva al desequilibrio instantáneo de la ecuación (1) que se convierte en:

(6) $Fa < Fc$

Si el desequilibrio no es compensado tenderá a aumentar indefinidamente conduciendo al colapso del planeta; pero sabemos que esto es mecánicamente imposible porque el Momento de Inercia (vm) de un cuerpo en rotación es constante En otras palabras, al producirse el desequilibrio instantáneo, el planeta aumenta su diámetro, esto hace que la relación ($v^2/r+\partial r$) disminuya. Esta disminución afecta a la (Fc) haciéndola menor y la igualdad de (1) se restituye, es decir que al aumentar el diámetro se restituye el Equilibrio Dinámico

$$(5) \quad G\frac{(M-\partial M)m}{(r+\partial r)^2} = m\frac{v^2}{r+\partial r}$$

Esto restituye la igualdad en (1):

(1)   Fa = Fc

Considerando que la diferencia entre M (masa-energía planetaria) y ∂M (la pérdida de masa-energía planetaria) es inmensa; esas pequeñas pérdidas son absorbidas con (imperceptibles) ajustes de: diámetro planetario (r), velocidad de rotación, otros no identificados aun.

La ocurrencia de terremotos, huracanes, ciclones, erupciones volcánicas y otros fenómenos termodinámicos muestran que la pérdida de masa (M) es constante; por lo tanto, la fuerza de atracción interna (gravedad) disminuye y, por el contrario, la fuerza de atracción externa (centrífuga) aumenta constantemente. En consecuencia, el planeta aumenta su diámetro constantemente. Obviamente, la densidad disminuye y otros parámetros como la velocidad de traslación y rotación, los tiempos de rotación y otros también varían.

De esto se deduce que

- Todo planeta es un Ente Masa-Energía (EME) en constante expansión.
- La expansión de los planetas es también consecuencia de pérdida de su propia masa-energía

5) RADIOS DE ESFERAS QUE CRECEN

Partiendo de la suposición de que las rocas más antiguas de la superficie terrestre actual son parte de la corteza primitiva y tan antiguas como ella; es lícito suponer que todo lo que existía antes, corresponde a una esfera terrestre sin corteza consolidada. (Ver la lámina 1 PROCESO DE EXPANSIÓN DE LA TIERRA) (El gráfico es de 1987, inédito).

A riesgo de asumir errores importantes aceptemos que, la corteza terrestre del paleozoico estuvo compuesta por la suma de las superficies de los actuales continentes (148 940 000 km²) sumada a los zócalos continentales, e incrementada por un porcentaje debido a 'la contracción de la corteza original durante su enfriamiento' y a 'procesos de subducción'.

En esas condiciones el diámetro de la Tierra habría sido algo mayor a los diez mil kilómetros (10,000= Km) y su superficie total unos tres ciento catorce millones y ciento sesenta mil kilómetros cuadrados (314'160,000 Km2).

En estas condiciones podemos afirmar que, en el Paleozoico, la Tierra tenía una corteza casi rígida con curvatura correspondiente al diámetro de ese momento (10.000 Km.).

Con la pérdida de energía en masa, la Tierra aumentó en volumen y, en consecuencia, la superficie de la esfera aumentó en relación directa con el incremento del diámetro.

A medida que la esfera terrestre se expandió, la primitiva corteza inelástica y rígida se rasgó dejando espacios vacíos entre sus piezas. El aumento en la superficie esférica fue cubierto por material emergente del manto que se agregó a la litosfera.

Si fuera posible ver el aumento progresivo de la superficie terrestre a través de las edades, el magma emergería entre las piezas de la corteza original, mientras que las piezas de la corteza se proyectarían radialmente sobre el manto para ocupar un espacio geométricamente similar pero relativamente menor, en la esfera expandida.

Durante el proceso de expansión volumétrica terrestre, el material emergente sale al exterior por diferentes vías pero en mayor cantidad por la cresta de sutura de las cordilleras oceánicas. La capa basáltica de los continentes es más rígida y más gruesa que la que está debajo de los océanos y es más resistente. Por lo tanto, la fractura (por simple principio de resistencia de los materiales) ocurre en la cresta oceánica.

Pero como veremos más adelante, debemos aceptar que la fuga de magma que sale de debajo de los continentes es real, como lo sugieren los grandes arcos isleños (Islas Marianas y similares). Otros fenómenos que atestiguan la movilidad de la corteza primitiva es la huella dejada por India en el fondo del Océano Índico en su largo escurrimiento. Sin embargo, otras estructuras primitivas de corteza, como África, dejaron huellas similares y no han sido tomadas en cuenta por la geología oficial.

Considerando lo que se ha dicho, podríamos afirmar que algunas preguntas siguen pendientes; ¿Qué causó la fragmentación de la corteza?, ¿Continuará la expansión?, ¿Será a través de eventos discontinuos?

Sabemos que, para producir una expansión significativa, el centro del sistema debe perder un CUANTUM de energía importante. Considerando que el planeta pierde pequeñas cantidades de energía por unidad de tiempo, la expansión ocurre en cámara lenta, excepto cuando eventos solares catastróficos la aceleran.

Por otro lado, la esfera también se expande continuamente a través de procesos menores como el flujo de magma a través de volcanes, crecimiento de vegetación en bosques y océanos, otros procesos de bioenergía, fuga de gas atmosférico aspirado por el viento solar y otros desconocidos o no estudiados procesos.

a) Primera expansión: primera fractura

La corteza primitiva se consolidó y se tornó rígida, esta rigidez le impedía adaptarse elásticamente a la esfera básica en el proceso de crecimiento; por esta razón, la corteza fue fraccionada irregularmente. A partir de entonces, las expansiones hicieron que las fracturas irregulares fueran más obvias.

La primera fractura grande abrió el embrión del Océano Pacífico actual. Con el crecimiento continuo de la esfera base, la presión interna contra la corteza aumentó. En la primera etapa, la resistencia y la rigidez de las piezas de corteza hicieron que retuvieran su forma esférica de menor diámetro; sin embargo, cuando la presión interna excedió su resistencia, las piezas de la corteza se fraccionaron. A partir de ese momento, las piezas de corteza original se acomodaron a la esfera en constante crecimiento. (Ver Láminas 2- DEL PALEOZOICO A NUESTROS DIAS (El gráfico es de 1987, inédito)

LAMINA 1
PROCESO DE EXPANSION DE LA TIERRA

Como vemos en los gráficos; la estructura original de la corteza descansaba sobre la superficie del manto de la esfera terrestre, donde se sometieron a diversos esfuerzos de compresión y tracción superficial (uno de estos importantes esfuerzos se debe al "Escurrimiento inercial magma-tectónico" que veremos más adelante). Con el tiempo, los esfuerzos mencionados producen, en las piezas de corteza: deslizamiento, modificación de la posición geométrico-radial, subdivisiones y diversas modificaciones relacionadas con la forma, dimensión, grosor cortical y otros.

Los continentes actuales, sus "plataformas continentales" y los fondos oceánicos son las piezas de la corteza primitiva modificadas por sucesivas expansiones reflejadas en deformaciones geológicas visibles. (Ver Láminas #s 2, 3, 4, 5, 9 y 10)

b) Escurrimiento inercial magma-tectónico

Los planetas están sujetos a todo tipo de fuerzas durante el proceso de expansión, uno de ellos es generado por la inercia rotacional que afecta a todas las estructuras del planeta. (Ver Lámina # 9 – ESCURRIMIENTO INERCIAL MAGMA-TECTONICO)

En relación a la corteza y sus partes (continentes y otros); debe considerarse que si, por cualquier motivo, cambia la velocidad de rotación planetaria la fricción entre Manto y Corteza generará una fuerza de sentido opuesto a la inercia rotacional. Este fenómeno está expuesto en las tres Etapas de la Lámina 9.

Etapa 1 del gráfico en la Lámina 9: las curvaturas de la esfera base y la de la 'corteza' son iguales mientras la Velocidad Angular (w) es constante e igual para ambas estructuras.

Etapa 2 del gráfico en la Lámina 9: Este gráfico representa un momento en el proceso de expansión de la esfera base en el cual los continentes, ya separados, mantienen su dimensión y una posición esférico-geométrica-geográfica similar a la del Etapa 1 pero sobre la esfera base expandida. Una de las consecuencias más importantes de la expansión de la esfera base es la aceleración angular planetaria, esta aceleración se refleja en el afloramiento del magma en el borde Este del continente "O" y la subducción hacia el Oeste.

Etapa 3 del gráfico en la Lámina 9: Este gráfico representa una posterior expansión de la esfera base y muestra los mismos fenómenos que en la fase anterior aunque de mayor magnitud.

Para efectos de la teoría del "Equilibrio Dinámico" el fenómeno de "Escurrimiento Inercial Tectónico" (como veremos más adelante) aporta elementos de explicación a la existencia de los arcos insulares tales como: archipiélago Salomón, Guam, Japón y otros.

En Sud América: las Islas Sándwich del Sur. En el Pacífico: Nueva Zelandia y la gran barrera de coral al Este de Australia. Las grandes fosas del Perú, Chile y otras.

6) INTENTO CRONOLÓGICO (Ver Lámina 6 – Peces Pulmonados)

Cómo explicar que dos especies "terrestres" vivas, con un pasado evolutivo común, existan hoy en el extremo sur de dos continentes diferentes y, a medio camino entre esos continentes, en una pequeña isla volcánica sin conexión y a miles de kilómetros de ambos continentes, exista otra especie viva indudablemente relacionada con las otras dos.

LAMINA 2
PROCESO DE EXPANSION DE LA TIERRA
DEL PALEOZOICO A NUESTROS DIAS

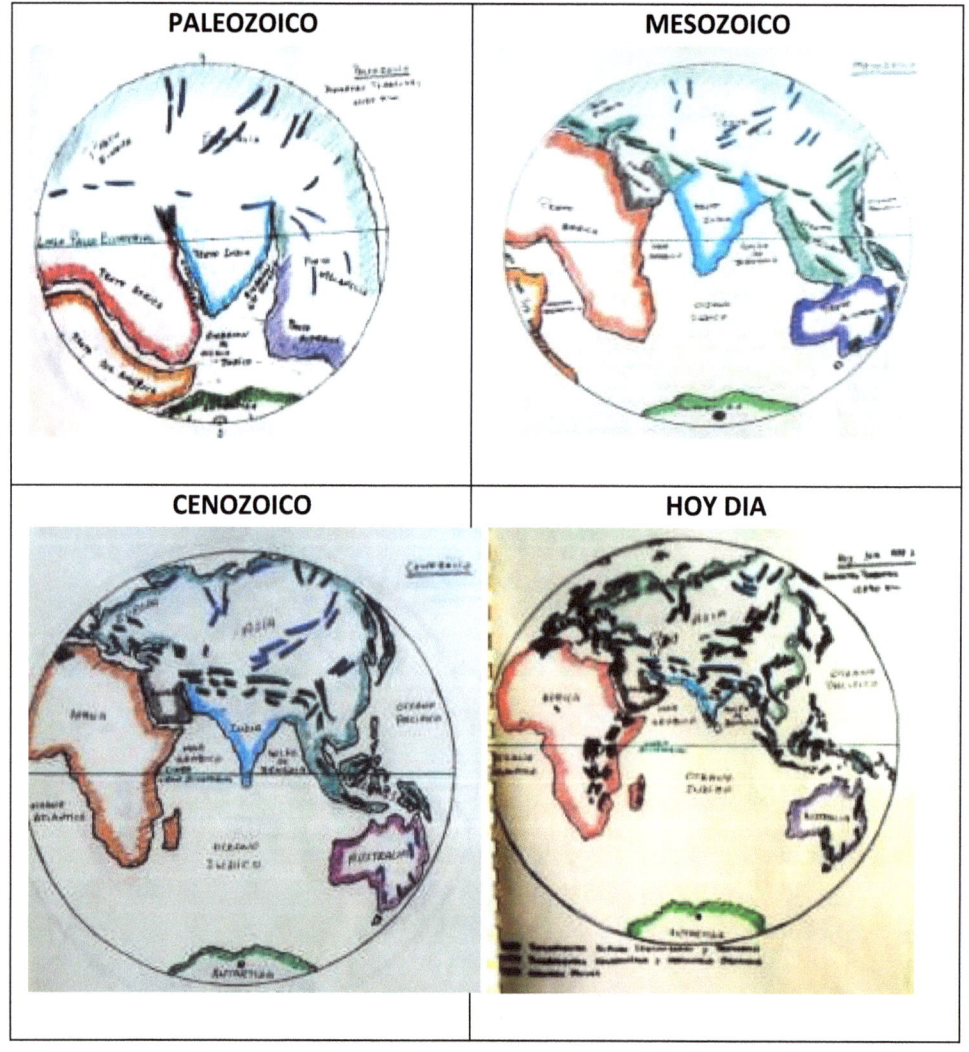

La isla Tristán de Acuña nació con la gran fractura atlántica, es uno de los picos más altos en la cadena montañosa Dorsal del Atlántico Sur. Esta isla es casi equidistante de África y América (a unos 3000 km de cada continente). Esta y otras islas en la Gran Cordillera del Atlántico Sur como Santa Elena, Ascensión, Gough, Bouvet, Rocas de San

Pablo y otras como las islas Azores en la Gran Cordillera del Atlántico Norte demuestran que en el momento de la gran fractura y afloramiento de magma, América debió estar muy cerca de Europa y África.

La existencia en estas islas, con formas de flora y fauna afines y similares a las existentes en ambos continentes (América y Europa) o (América y África), demuestra que en una etapa geológica remota las mencionadas islas estuvieron conectadas con los continentes a ambos lados del océano. El período de tiempo para esa conexión fue lo suficientemente largo como para permitir que las formas ancestrales vivieran en los tres lugares geográficos, debieran haber dejado descendencia y durante milenios debieron haberse adaptado a su nuevo y cambiante hábitat a través de variaciones fenotípicas distinguibles. Sin lugar a dudas, los fósiles ancestrales muestran su origen común.

Esto se confirma cuando, formas similares de flora y fauna se encontraron en diferentes etapas evolutivas, procedentes de un antepasado común en lugares geográficos hoy distantes y discontinuos, pero unidos irremediablemente en el pasado remoto.

LAMINA 3
PROCESO DE EXPANSION DE LA TIERRA
EVOLUCION DEL OCEANO ARTICO Y LOS CONTINENTES QUE LO RODEAN

La realidad Atlántica sugiere un fraccionamiento casi meridiano de polo a polo y, considerando la relativa cercanía entre las masas continentales respecto a la realidad del Pacífico, una menor antigüedad respecto a la fosa del Pacífico. Pruebas recientes de paleo-datación lo confirman.

ISLAS VOLCÁNICAS CERCANAS: Las islas volcánicas cercanas, tales como Bermudas, Martin Vaz, Georgia del Sur, South Sandwich, cerca del extremo sur de América; o Islas del Cabo Verde, Madera, Islas Feroe, Canarias y otras, cerca de Euro-África, nacieron en etapas posteriores a las del Gran Dorsal Atlántico y están relacionadas con el continente cercano; es elemental que su edad sea inferior a la correspondiente a las islas del Gran Dorsal (T. da Cunha y otros). (Ver Lámina # 6)

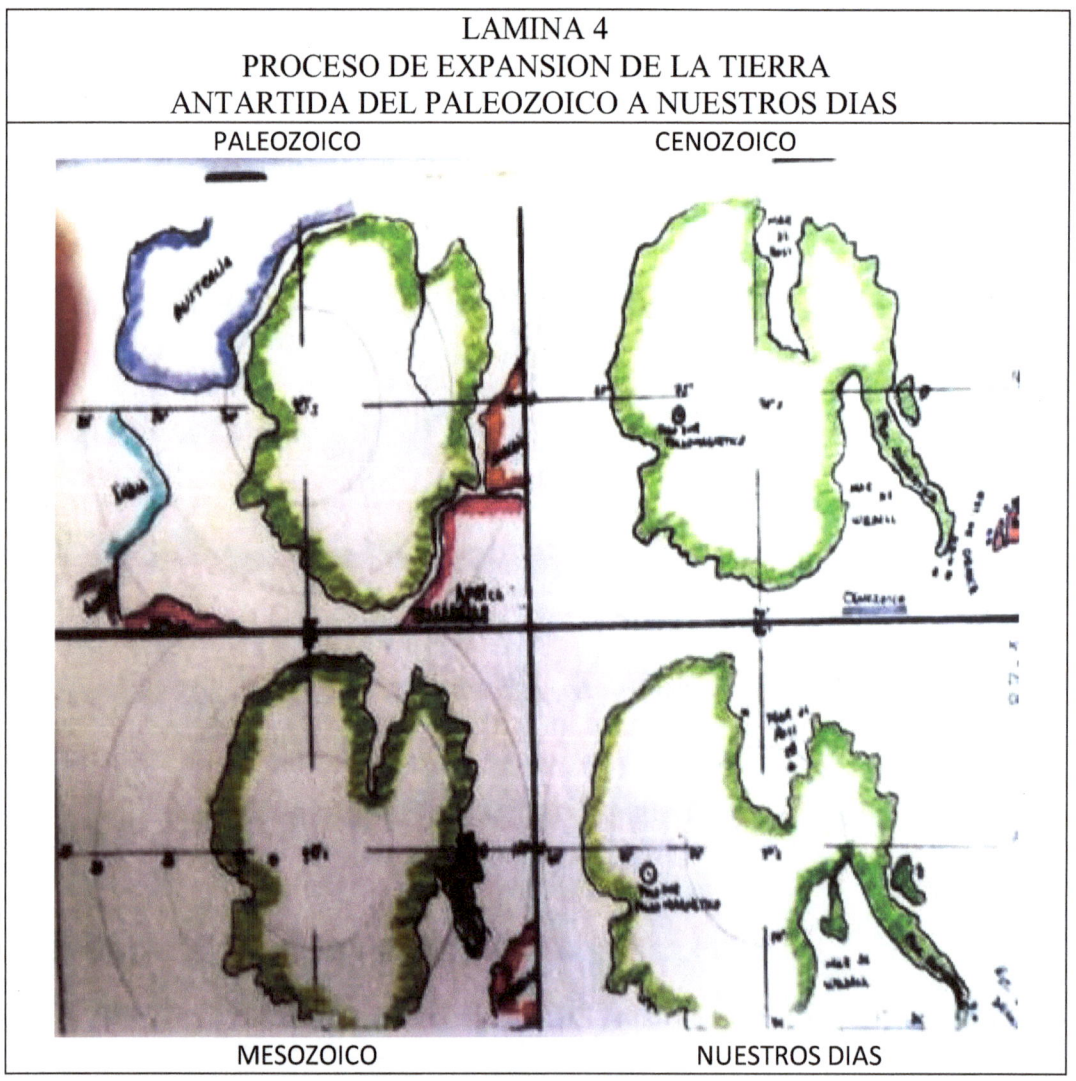

Sir Gavin De Beer en su "Atlas de Evolución", refiriéndose a la distribución geográfica discontinua de la cochinilla y otros organismos vivos o fósiles (mapa 22), explica que los vientos y las corrientes oceánicas son responsables de la colonización de estos crustáceos errestres y plantas, vivos o extintos, como el musgo Pachijglosa en Nueva Zelanda y Patagonia.

Estas formas vivientes y fósiles, aludidas por De Beer, aparecieron en los albores del planeta, CUANDO los extremos geográficos hoy discontinuos estaban unidos, en una esfera base más pequeña. El crecimiento de la esfera base y el flujo del material del manto originaron las fracturas iniciales y la separación de los continentes. ¿Cuándo fue esto? El mismo De Beer, en su interesante Atlas, nos da la oportunidad de identificar, aproximadamente, ese momento.

En el Mapa 13 de su libro, "Mapa de Evolución", Sir Gavin De Beer sostiene: *"Los peces pulmonados son peces primitivos que poseen algunas de las características que capacitaron a sus parientes para salir del agua y transformarse, por evolución, en vertebrados terrestres. Estas características incluyen la posesión de ventanas nasales externas e internas y de un pulmón para respirar aire, del que estos peces hacen uso, cuando se seca el agua de los ríos en los que viven. En la actualidad hay tres grupos de peces pulmonados: 1 El Neoceratodus en los ríos Mary y Burnet de Queensland, Australia; 2 Protopterus en el Nilo Blanco, algunos de los grandes lagos, Oguburi, Congo, Zambese, Níger y ríos de * Gambia, en África; 3 Lepidosiren en la cuenca del Amazonas y en el río Panamá de América del Sur. La distribución de sus fósiles, características del período Devónico en adelante, muestra que los peces pulmonados fueron originalmente universales y que la restricción actual a sus hábitats es consecuencia de su extinción debido a la competencia en las regiones más accesibles del principal centro de evolución del vertebrados en las regiones tropicales del viejo mundo "*

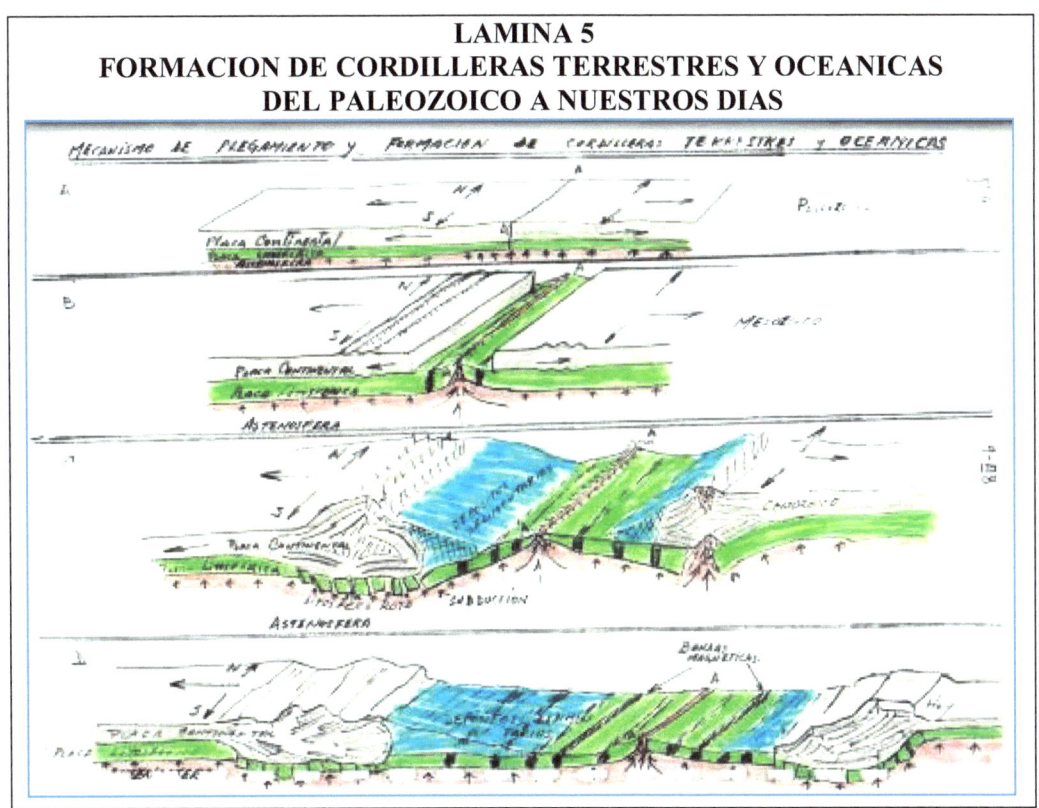

LAMINA 5
FORMACION DE CORDILLERAS TERRESTRES Y OCEANICAS DEL PALEOZOICO A NUESTROS DIAS

Al analizar el mapa de De Beer 13 antes mencionado: queda claro que se han encontrado fósiles de peces dipteridae en los estratos geológicos del Paleozoico de Europa, Asia, América del Norte, Australia y el Amazonas. Por esta razón, coincidimos con De Beer en que, en el Paleozoico, la distribución del pez pulmonado 'Dipteridae' era universal en todo el mundo.

LAMINA 6
LUNG FISHES

En el Paleozoico los Dipteridae fueron de distribución general. Los Ceratodontidae los sustituyeron, pero desaparecen también, excepto en Australia donde aún se encuentran vivos. Los Protopteridae sustituyen a los anteriores y se encuentran vivos en África. En Sud América viven los Lepidosirenidae.

		Dipterus, pez pulmonado de agua dulce del Devónico extinto. Hay fósiles en Australia y Europa.
		Ceratodontidae. Pez pulmonado vive en Australia. Considerado Fósil viviente. Hay fósiles de más de 380 millones de años. Copyright (C) 2000,2001,2002 Free Software Foundation, Inc. 51 Franklin St, Fifth Floor, Boston, MA 02110-1301 USA Everyone is permitted to copy and distribute verbatim copies of this license document, but changing it is not allowed.
		Protopteridae. Habita en ríos de Angola, Benin, Congo, Gambia, Zaire y otros. Considerado Fósil vivo.
		Lepidosirenidae. Habita en ríos de Sud América: Amazonas, Paraguay y en la cuenca del Paraná. Vive mayormente en los pantanos. Considerado Fósil viviente

En el Mesozoico, la distribución fósil de los Ceratodontidae también es universal; pero, por efectos de la extinción, actualmente, se encuentran con vida solo en Australia. Esto sugiere que los Ceratodontidae son una etapa evolutiva posterior a los Dipteridae del Paleozoico y se han mantenido vivos en Australia, donde otras formas tan primitivas como ellos también lograron el ambiente apropiado de supervivencia.

En el Cenozoico ha desaparecido todo vestigio anterior de Ceratodontidae (excepto Australia) y surgen los Protopteridae en África, donde hoy han sido hallados restos fósiles, pero también peces vivos, no así en Sud América donde hoy se encuentran los Lepidosirenidae, tanto en su forma fósil como peces vivos.

Es pues la transición del Mesozoico al Cenozoico, el momento geológico al que los continentes América y Euroáfrica llegaron unidos, y el océano Atlántico era aún un estrecho lago.

Tal mundo sería irreconocible para el viajero "inter-temporal" que buscara identificarlo porque lo encontraría diferente: más pequeño y más caliente, ya que aún conservaría la energía no disipada desde el Mesozoico hasta nuestros días; rotación más lenta con días más largos, y años más cortos apropiados para la dimensión más pequeña de su órbita con afelio menor. En esta condición, la Tierra tendría una temperatura superficial más alta en su cara soleada, ya que recibiría más energía durante un tiempo más prolongado irradiado por un Sol más cercano y más joven. Por el contrario, el lado nocturno sería más frío que hoy, o tal vez una capa oceánica más grande podría mantener, por convección, una mejor distribución del calor.

Esas condiciones climáticas permitieron y favorecieron formas de vida tan delicadas como los grandes reptiles cuya existencia es imposible en climas fríos, secos y de gran variabilidad.

La comprobada existencia de reptiles gigantes, como el Diplodocus o cualquiera de sus congéneres, nos obliga a aceptar que la Tierra era un planeta básicamente diferente en el que, al mismo tiempo, se desarrollaron especies de plantas compatibles con los dinosaurios que los utilizaban como alimento. Estas plantas aparecen en el Devoniano, las más en el carbonífero y algunas en el Pérmico, Triásico y Jurásico, coincidentes con la aparición de anfibios y reptiles, los mismos que señorean la Tierra por varios millones de años.

Sin embargo, todo cambió en un corto período de tiempo, hoy se reconoce que el cambio ocurrió durante la transición del Mesozoico al Cenozoico. En otras palabras, el planeta Tierra cambió radicalmente y todos los seres vivos, animales o vegetales, se enfrentaron a la transformación de su hábitat y se adaptaron superando el cambio o murieron. Durante esa etapa de cambios radicales se desarrollaron especies más adaptables. Esos nuevos seres vivos sucedieron a los reptiles en el dominio de la Tierra.

La teoría del EQUILIBRIO DINÁMICO implica que toda variación en el centro del sistema se refleja en todo el sistema. En otras palabras, los planetas se verán afectados en: velocidad orbital, velocidad de rotación, declinación, composición de elementos atmosféricos y oceánicos, termodinámica planetaria y muchos más. Como es lógico, la interdependencia fenomenológica implica variaciones en el TIEMPO. En consecuencia, afirmamos que, coincidiendo con los cambios en el hábitat planetario, el "tiempo" de los seres vivos también cambió,

En otras palabras, parece posible que en el pasado remoto, el mismo lapso correspondiera a tiempos aparentes mayores, en comparación con los actuales. Esto nos dice que nuestros días son más cortos que los días de un dinosaurio y que el mundo paleozoico estaba más cerca del joven Sol y su calor.

7) LOS CONTINENTES Y EL EQUILIBRIO DINAMICO

Los continentes son piezas originales de la corteza que, impulsadas por el constante proceso esférico expansivo, aumentan su distancia radial al centro del planeta y ocupan un espacio periférico en la esfera expandida. Los continentes son empujados a esa posición por el sistema de fuerzas desarrollado durante la expansión; el sistema tiene dos componentes principales opuestos entre sí: 1. Presión radial interna esférica, producida por el crecimiento de la esfera base. 2. Fuerza estructural de las piezas de corteza, que se opone a la expansión.

Sin embargo, debe agregarse que la forma y estructura de las piezas de la corteza actual son resultado de un largo proceso de deformación tridimensional al que concurren muchos otros factores, tales como:

- La presión radial desarrollada por la Tierra en su proceso expansivo. Ya expuesto
- La resistencia estructural de la corteza terrestre contra la expansión. Este es un fenómeno de resistencia de los materiales contra la deformación.
- Las tensiones superficiales presentes en cada expansión en las piezas de corteza. 'A toda fuerza se opone otra fuerza de igual magnitud y sentido contrario'.
- La diferencia de curvatura entre la esfera original y la de la corteza, que fue igual en el origen pero se hizo mayor con cada expansión. La consecuencia de este fenómeno produce que la corteza (rígida e inelástica) sea sometida constantemente a esfuerzos de quebranto en sus partes centrales, de subducción en sus bordes Oeste y de tracción al Este. (Ver Lámina 9 Escurrimiento Inercial Magma Tectónico).
- Las piezas de corteza de mayor o menor dimensión que resultaron de la fractura. Por ejemplo: una pieza de litosfera como Eurasia reaccionará de manera diferente a Groenlandia cuando sea proyectada durante la expansión.
- La posición geográfica norte o sur de las piezas de la corteza, en relación con el ecuador transitorio. Ejemplo: el continente americano estaba vinculado por sus extremos con los polos norte y sur, pero una parte importante de la masa actual de América del Sur estaba y está montada sobre el Ecuador terrestre; es lógico que su respuesta a la expansión haya sido diferente de la de Australia, que siempre estuvo al sur del ecuador y, en los últimos tiempos geológicos, aislada de cualquier otra parte de la corteza original, por lo tanto, su deformación estructural es menor.
- La dirección o el ángulo geográfico de las fuerzas que dieron origen a las cadenas montañosas. Ejemplo: en Eurasia, la tensión Este-Oeste que dio lugar al complejo montañoso que va de España a China; o en América, la tensión Norte-Sur que originó el complejo de cadenas montañosas que van desde Alaska hasta la Patagonia.
- La inercia rotacional de la tierra. Ejemplo: Los arcos insulares de Filipinas, Japón, Guam, Islas Sandwich del Sur y otros se formaron en procesos expansivos

influenciados por el "Escurrimiento Inercial Tectónico" que ocurre cuando la rotación del planeta se acelera; sin embargo, la fricción de la corteza contra el manto ralentiza la aceleración cortical, esto provoca que algo de magma salga por debajo del borde de la corteza. Ese flujo de magma forma los arcos insulares. Otro efecto de la rotación del planeta son las fosas oceánicas que también se forman en procesos expansivos influenciados por el "Escurrimiento Inercial Tectónico".

- Erosión. Otro factor importante en el desarrollo de los continentes es la erosión producida por el viento y el flujo hidráulico. El producto de este desgaste se acumula en capas sedimentarias que, con el tiempo, alcanzan la dimensión suficiente para modificar perfiles costeros, cuencas hidrográficas, fosas oceánicas, cadenas terrestres o marinas y otros accidentes.
- Otros no identificados.
(Ver Láminas 7, 11, 12 y 13)

En este punto es necesario remarcar que las fuerzas que dieron origen a las cordilleras fueron, y aun son, la respuesta superficial de la corteza al crecimiento esférico del planeta Tierra que repito, se expande en Equilibrio Dinámico respondiendo a la pérdida de Masa-Energía que sufre la Tierra, al igual que todos los EME del Universo.

Pero, dado que la corteza había perdido su continuidad estructural, los pedazos o paleocontinentes sufrieron modificaciones morfológicas inducidas por factores como: posición geográfica, rotación terrestre, sobre-escurrimiento, Escurrimiento Inercial Tectónico, dirección de las tensiones, y otros.

En otras palabras, la expansión de la esfera base forzó el escurrimiento de las piezas de la corteza original; es el caso de África y América del Sur que se han separado entre sí en dirección este-oeste y han migrado hacia el norte; mientras que el primitivo complejo África-Eurasia se separó de América del Norte y emigró al Sur.

Es importante observar que, cuando la litosfera original se dividió dando origen a los océanos, las piezas más grandes de la corteza quedaron concentradas en el hemisferio norte; Este hecho provocó que aquellas que permanecieron al sur de Ecuador fueran cuneiformes y tuvieran menos resistencia al deslizamiento. La forma de cuña es característica de África que se separó de la Antártida, de la India que fue "arrastrada" por Eurasia desde las cercanías de Madagascar hasta su posición actual y Sudamérica que, inicialmente vinculada a la Antártida, tuvo un largo proceso de hundimiento que terminó cuando su conexión con la Península Antártica se rompió.

8) ESCURRIMIENTO INERCIAL MAGMA-TECTONICO

Durante su proceso de expansión, los planetas están sujetos a todo tipo de fuerzas; uno de ellos es generado por la inercia rotacional que afecta a todas las estructuras planetarias.

En relación con la corteza y sus partes (continentes y otros) se debe considerar que, con cualquier cambio de velocidad de rotación planetaria, la fricción entre el Manto y la

Corte generará una fuerza opuesta a la inercia rotacional (Ver Gráfico # 1 "Proceso de Expansión de la Tierra").

Proceso de Escurrimiento Inercial Magma-Tectónica; es una combinación de deslizamiento cortical tectónico superficial asociado a sub-flujo de magma procedente del manto terrestre. Este proceso es causado por el momento de inercia generado por un cambio de velocidad de rotación asociado a un cambio de velocidad orbital. (Momento inercial es la resistencia que presenta un cuerpo para ser acelerado en rotación)

LAMINA 7
PROCESO DE EXPANSION DE LA TIERRA
AUSTRALIA, PAPUA-NUEVA GUINEA, NUEVA ZELANDIA

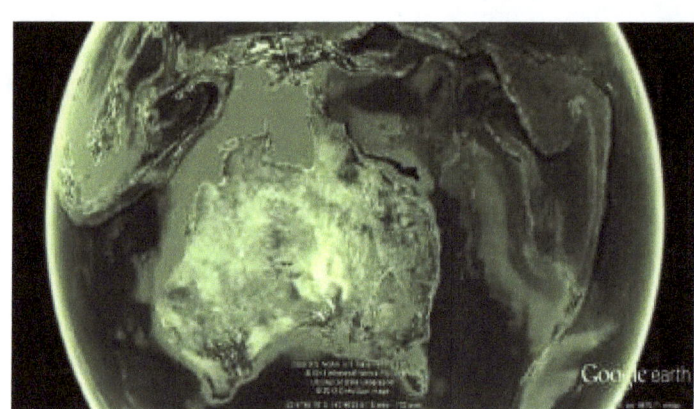

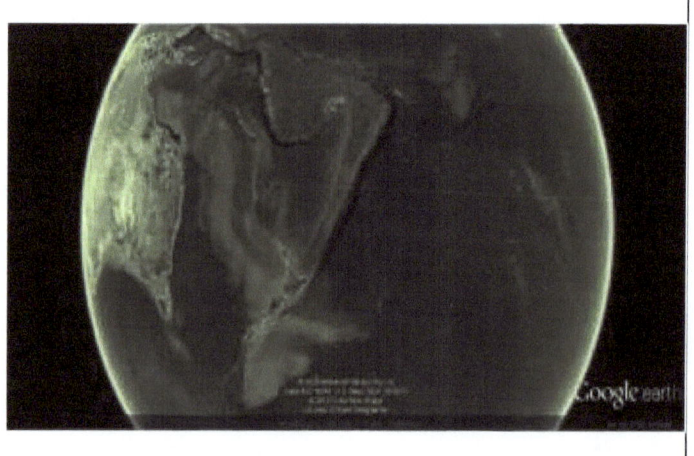

La vista muestra la estructura de Australia y el conjunto de elementos Geógrafo – tectónicos que la rodean. El zócalo australiano del Norte está separado por una larga y estrecha fosa marina que circunda el archipiélago Indonesio hasta chocar con la parte Noroeste de Papúa-Nueva Guinea. La fosa descrita es continuación del largo perímetro que continúa hacia el Noroeste hasta las islas Andamán y Nicobar al Norte de Sumatra y frente al litoral Sur de Myanmar (Birmania).Otro elemento es que, arcos insulares menores, como los que separan el Mar Ceram del Mar Banda, tienen la misma orientación que los arcos de Japón y otros, esto sugiere que el proceso desu formació fue similar. Es interesante verificar, en la foto de fondo marino, que Nueva Zelandia es la parte Sur de una estructura de gran dimensión que incluye islas como Vanuatu, Fiyi y Tonga al Norte; Adams, Auckland y Disapointmen al Sur, y muchas otras

Sabemos que la rotación de la Tierra asociada a la gravitación produce efectos de resbalamiento que afectan a las aguas de los océanos y a los gases de la atmósfera, las consecuencias más conocidas y estudiadas son las mareas y el efecto Corcioles. Sin embargo también se produce resbalamiento entre el Manto y la Corteza, pero la fricción minimiza o anula el "Escurrimiento Inercial Magma-Tectónico" (Ver Láminas # 1 Proceso de expansión de la Tierra y Lámina # 8 – Golfo de México, Mar Caribe y Norte de Sudamérica).

El escurrimiento entre Corteza y Manto se hace presente durante etapas de aceleración rotacional terrestre, coincidentes con etapas de expansión y a consecuencia de una diferencia inercial que supere la fricción entre Manto y Corteza. Como vimos en el Libro Uno; una aceleración rotativa mayor podría producir que el planeta "salte" a una órbita mayor alejándose del centro del sistema.

En otras palabras, a consecuencia de la 'expansión', la corteza rígida e inelástica sufre *Resbalamiento Inercial Tectónico* sobre el manto; al mismo tiempo y bajo la corteza rígida, surge una onda de magma que forma arcos insulares al borde Este de la pieza cortical.

A su vez, entre la costa continental y el arco insular, se extiende una planicie submarina que luego llamaremos Mar; como los mares de Japón, de la China u otros. Ejemplos de arcos insulares: Guam, Filipinas, Japón, Nueva Zelandia, Islas del Caribe, Islas Sándwich del Sur. (Ver Láminas 20, 21, 22, 23, 24, 25, 27 y apartado 4) FUERZA Centrífuga VS. FUERZA Centrípeta).

Sin embargo debemos distinguir el archipiélago de las Aleutianas cuya formación obedeció a la fuga de Alaska hacia el Sureste y la península Kamchatka hacia el Suroeste; mientras Eurasia se separaba de Norte América durante la apertura de los Océanos Pacífico y Ártico.

**LAMINA 8
PROCESO DE EXPANSION DE LA TIERRA
GOLFO DE MEXICO, MAR CARIBE Y PARTE DE SUD AMERICA**

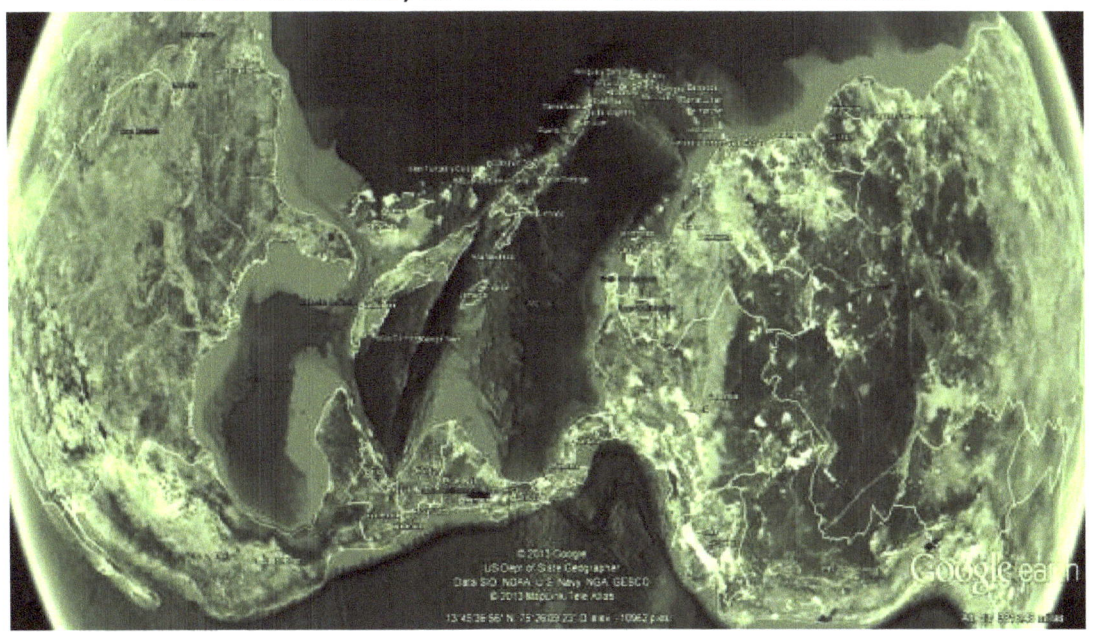

9) CINTURONES O BANDAS MAGNÉTICAS

Las vibraciones de la litosfera y la astenósfera, causadas por la expansión, dejan una trama de FAJAS o BANDAS MAGNÉTICAS que corre paralela a las crestas oceánicas. Desde el punto de vista del "Equilibrio Dinámico", esas Bandas magnéticas se explican de la siguiente manera. (Ver Lámina 10 - FAJAS MAGNETICOS).

La expansión del globo terráqueo produce etapas de tensión y compresión de la corteza terrestre. Al mismo tiempo y, a lo largo de la cadena oceánica, el material emergente se enfría en contacto con el agua del fondo del océano y adquiere "magnetismo remanente", siguiendo el siguiente principio:

Cualquier material inmerso en un campo magnético, como el terrestre, que tiene componentes capaces de magnetizarse y, al principio, está en estado líquido o coloide mientras está sujeto a vibración, adquirirá magnetismo residual cuando cambie su estado, líquido o coloidal, a sólido. Su polaridad magnética residual estará en una dirección cuando el material vibre en "compresión" e inverso si lo hace en "tensión".

Esta es una alternativa más lógica a la **"Inversión del Campo Magnético Terrestre"** que tuvo gran aceptación hace algún tiempo.

10) LOS CONTINENTES Y LA EXPANSION

a) África

Del estudio de la geología africana se deduce el hecho que, la placa africana ha sufrido menos alteraciones que cualquier otra placa tectónica. En este continente se habría iniciado el fraccionamiento de la corteza, producido después de su consolidación.

El Mar Mediterráneo es el producto de la interacción entre: el crecimiento de la esfera y la ubicación geográfica de África, que, con el centro geométrico en el ecuador del globo, ha mantenido su posición durante todas las expansiones. Por otro lado, la Europa cuneiforme debió huir hacia el noreste. En el medio quedó el mar Mediterráneo en proceso de crecimiento.

El par de fuerzas antagónicas antes mencionadas, que dieron origen a la apertura del Mar Mediterráneo; interactuando con el plegamiento alpino, dan también origen al rasgamiento repetido de las costas europeas comenzando por el Golfo de Vizcaya, los Mares del Norte, Báltico, Barents, Noruega, y también a las penínsulas Itálica y Balcánica, así como a la apertura de los mares Negro y caspios.

Hoy, gracias a la versión 5 de "Google Earth" y sus fotografías en del fondo oceánico, podemos ver el rastro, en dirección noreste, dejado por Sudáfrica cuando se separa de la Antártida, a consecuencia del proceso de crecimiento del globo terráqueo. Es importante notar que el material que hace crecer el lecho marino emerge desde el interior de la tierra.

LAMINA # 9
PROCESO DE EXPANSION DE LA TIERRA
ESCURRIMIENTO INERCIAL MAGMA-TECTONICO

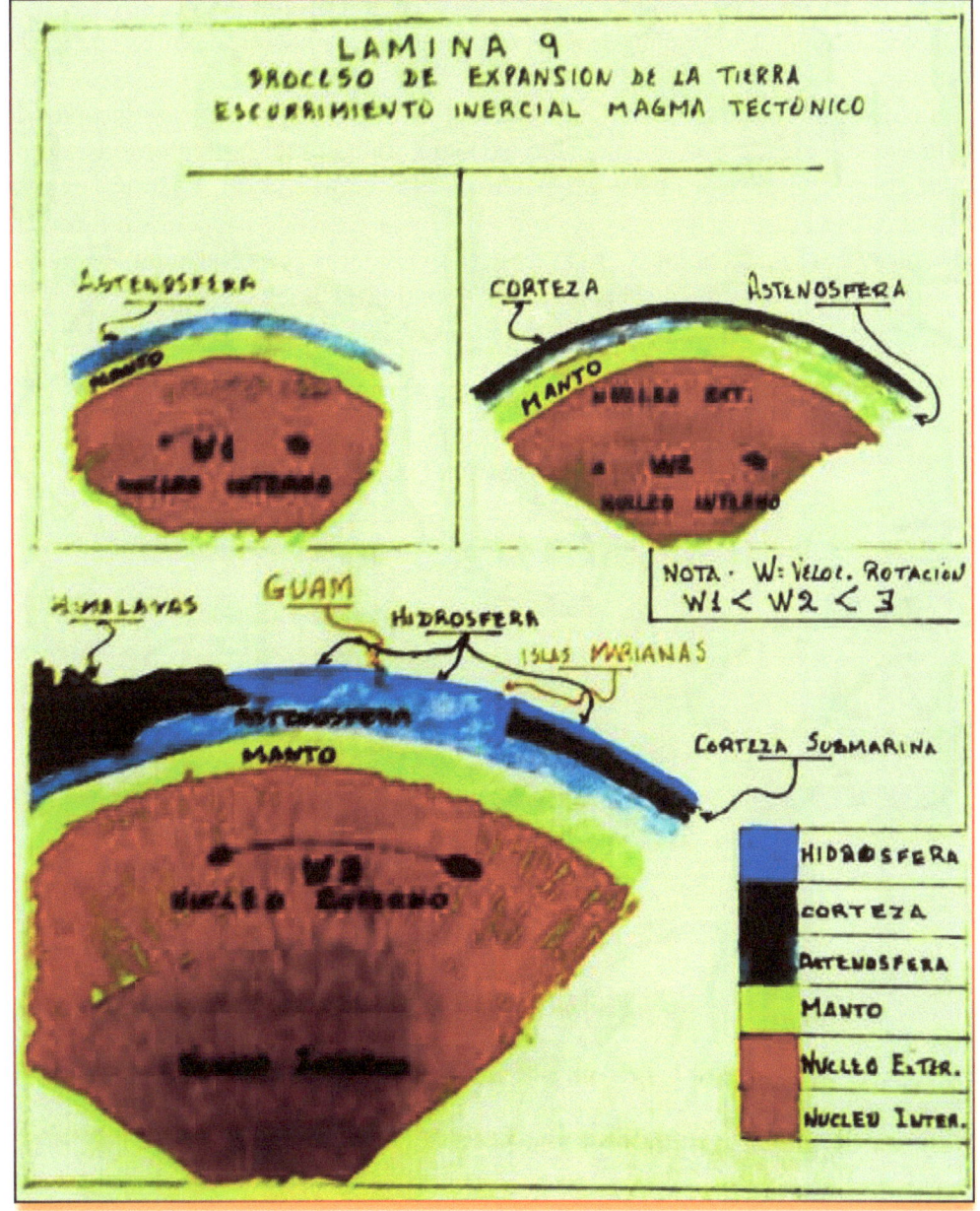

El continente africano se proyectó radialmente cuando la esfera terrestre se expandió; dada su posición de equilibrio geométrico sobre el Ecuador terrestre, África no pudo deslizarse hacia el Sur o el Norte y, por lo tanto, ha conservado una posición geométrica similar a la que ocupó en la esfera terrestre original. (Es importante tener en cuenta que la huella dejada por África, en el fondo marino, es similar a la dejada por la India, en el fondo del Océano Índico, cuando se deslizó hacia el norte al ser "arrastrada" por Asia durante el plegamiento que dio origen al Himalaya).

b) Asia y Europa

Después de la primera expansión y ruptura de la corteza original del globo terrestre, Eurasia es la mayor masa continua de corteza. La posición original del centro geométrico de Eurasia, llevó al Súper Continente a alejarse del ecuador, hacia el norte, con cada nueva expansión.

Sin embargo, el tamaño de la esfera base creció tanto que Eurasia, incapaz de cubrir el creciente espacio creado por la expansión, se alejó también del Polo Norte dando origen al Océano Ártico y la Gran Cordillera del Atlántico. La Gran Dorsal Atlántica es una cresta montañosa en espiral que nace cerca del Polo Norte y se extiende hacia el sur a través de una larga curva cuyo punto más notorio es lo que hoy conocemos como Islandia, desde ese punto la dirección se vuelve claramente hacia el sur y marca la línea de separación entre Euro-África y América.

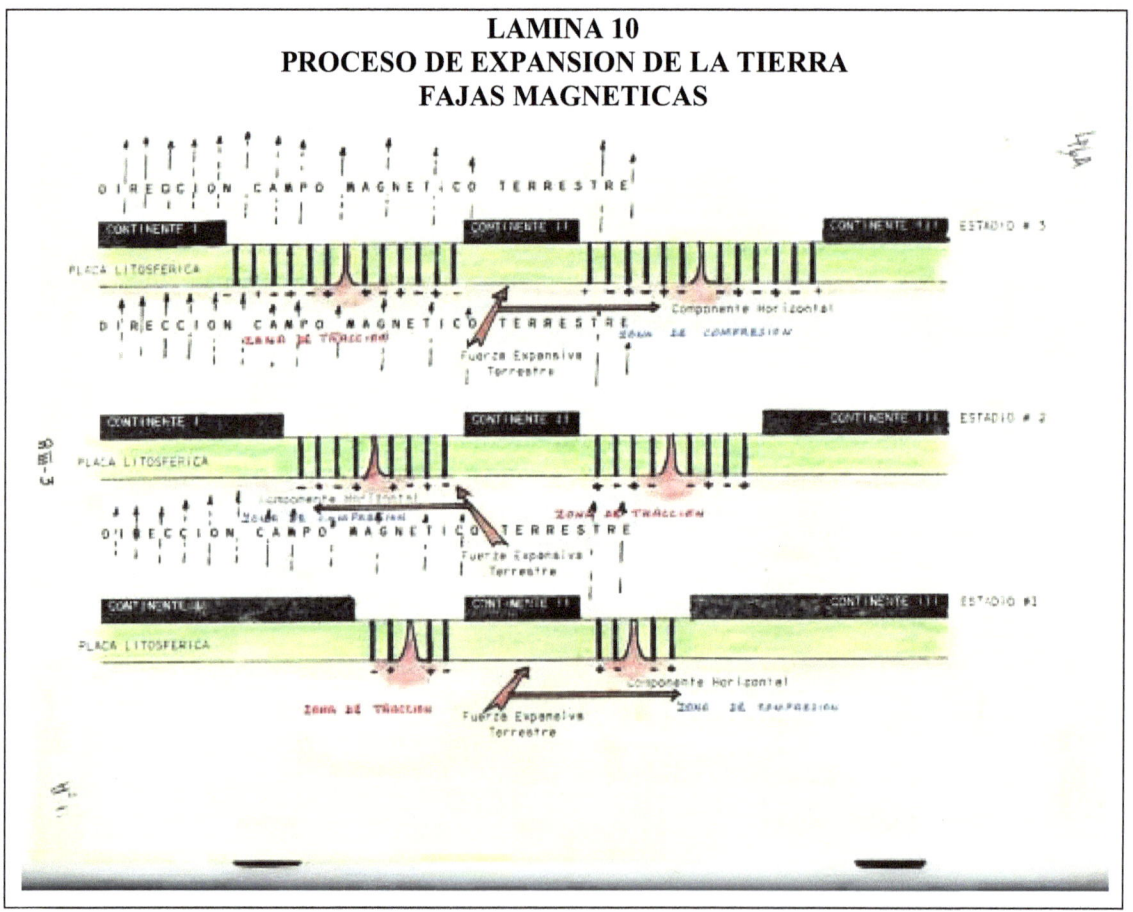

La enorme "tracción" (este-oeste y norte-sur) sufrida por la placa continental de Eurasia dio lugar, como vimos antes, a las cadenas montañosas que cruzan Eurasia en todas las direcciones y, además, a los plegamientos que generaron los ríos, Indo, Ganges y Brahmaputra cuyas controvertidas características geológicas han respaldado la suposición de que India era una inmensa isla a la deriva que viajó a través del océano de magma y alcanzó su posición actual (Ver LAMINA 11 CORDILLERAS DE ESPAÑA A CHINA).

LAMINA 11
PROCESO DE EXPANSION DE LA TIERRA
CORDILLERAS QUE VAN DE ESPAñA A CHINA

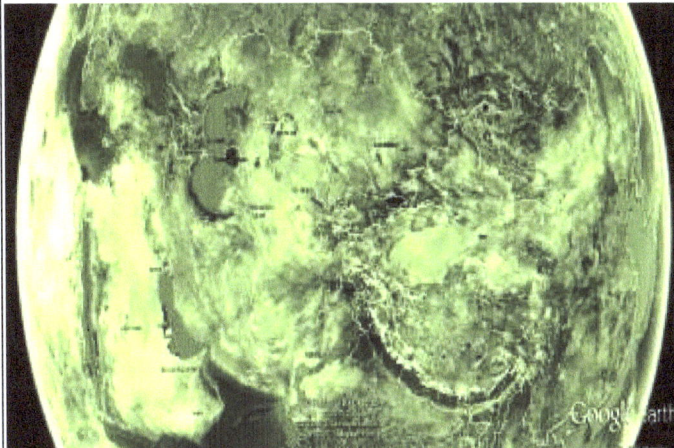

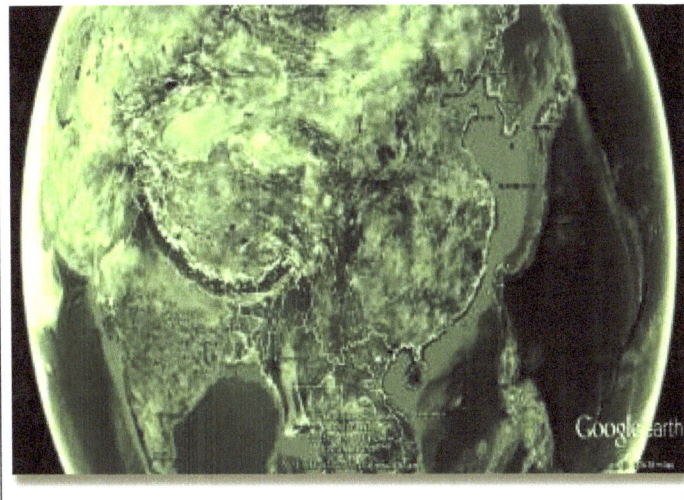

La gran masa del frente China-Siberia-Indochina se recoge en un núcleo de cordilleras que atrae los bordes continentales. Pero, esa pieza continental es afectada la rotación terrestre, por eso las deformaciones son diferentes en sus frentes. El Oeste se agrieta en tres mares periféricos: Mediterráneo, Rojo y Pérsico. El Sur se recoge y atrae a India hacia el Norte

La deformación de la primitiva corteza forma los embriones de los océanos Antártico - Indico y Atlántico con su dorsal. El Pacífico ya estaba en franco proceso de crecimiento.

Al Este se recoge y la Indochina es arrastrada hacia el Noroeste, se deforma y agrieta en islas penínsulas y estrechos. Por el lado de China y Siberia se forman estructuras arriñonadas bajo las cuales fluye magma que forman los arcos insulares de Japón y otros.

La vista también sugiere que la composición de fuerzas aplicadas sobre Arabia desde: el África tendente al Sur, el plegamiento alpino hacia el Noreste, y el Norte de Eurasia que 'jalaba' hacia el Noroeste, obligaron a Arabia a girar al Oeste sobre un centro hipotético ubicado en el actual Desierto de Sinaí.

Este giro abrió: el mar Rojo, los golfos Adén, Omán y Pérsico, e hizo crecer al Mediterráneo, y los mares interiores Negro y Caspio.

Es importante considerar la incipiente "dorsal" abierta en el golfo de Adén, en la que se aprecian fracturas transversales, que son testigos de desplazamientos laterales.

India, con su forma de cuña y su centro geométrico norte-ecuatorial, ofreció poca resistencia y se deslizó sobre la astenosfera hacia el norte, dejando el rastro de su escape en el naciente suelo del Océano Índico.

Por otro lado, en el corazón de Asia, las fuerzas que dieron estructura y levantaron la gran meseta del Tíbet y las cadenas del Pamir, Hindu Kush y, Karakorun, también abrieron el Golfo Pérsico, el Mar Rojo, y contribuyeron a la apertura del Mediterráneo.

Además, el plegamiento cortical del Himalaya ejerció tracción sobre: la Península de Indochina, el archipiélago de Indonesia, Manila y, a través de ellos, a Australia. Sin embargo, la dimensión, la forma y la posición geográfica de Australia, al sur de Ecuador, impidieron su escurrimiento en dirección de la tracción y toda esa gran parte de la corteza se separó y permaneció al sur del Ecuador, como lo vemos hoy.

La rápida expansión de la esfera terrestre obligó a la placa euroasiática a correr hacia el norte pero, repito, las enormes placas de África y Australia no pudieron superar el límite ecuatorial y ofrecieron resistencia para correr hacia el norte. Sin embargo, debido a la posición de sus centros geométricos, la continuidad de la placa euroasiática y su interconexión, África frenó el lado oeste del complejo euroasiático continental mientras que Australia lo hizo desde el este.

c) América

En el Paleozoico, América era una pieza continental continua desde el Polo Norte al Polo Sur. Esta placa continental tenía la forma aproximada de un gran triángulo, el primero de cuyos vértices se unía al Polo Sur a través de la actual Península Antártica; el segundo vértice, muy cerca del Polo Norte, estaba fuertemente unido al gran complejo continental de Eurasia a través de Paleo –Alaska; el tercero se unía al complejo euroasiático por el lado de Europa, a través de Paleo-Groenlandia.

En ese momento, la placa continental americana del paleozoico tenía la misma curvatura que la esfera planetaria a la que todavía se adaptaba perfectamente. Es decir, las curvaturas de la esfera base y de la placa continental eran iguales. En estas condiciones, la superficie exterior de Paleoamérica, que se extendía desde el Polo Sur hasta el Polo Norte, solo había sido alterada por elementos emergentes como volcanes, no había cadenas montañosas.

En otras palabras, en el paleozoico la placa continental americana era un trozo de la litósfera con la misma curvatura que la coloide astenosfera, sobre la cual se apoyaba, y ambas resistían la creciente presión isostática y radial, ejercida por la esfera en expansión. El resultado de esta contraposición de fuerzas es previsible (Ver: LAMINA 12 CORDILLERAS DE ALASKA A PATAGONIA).

- El continente americano de la corteza primitiva, que tenía puntos fijos que impedían el deslizamiento, resistió el esfuerzo pero se estiró en dirección norte-sur.
- Además, se arrugó transversalmente en arrugas continuas y paralelas en dirección de tensión, como lo hace una pieza de tela si se estira desde sus extremos. Ese fue el nacimiento de las cordilleras
- El extremo oriental del triángulo se separó de lo que sería Europa, nació Paleo-Groenlandia y el incipiente archipiélago de Barry. Todo esto mientras el borde

continental Norte se deslizaba hacia el sur dando origen a lo que sería el Océano Ártico.

LAMINA 12
PROCESO DE EXPANSION DE LA TIERRA
CORDILLERAS DE ALASKA A PATAGONIA

NORTE AMERICA

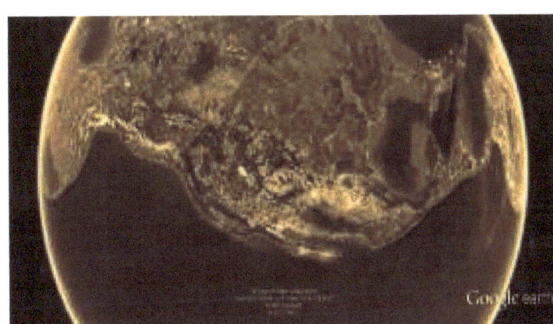

CENTRO AMERICA

SUD AMERICA

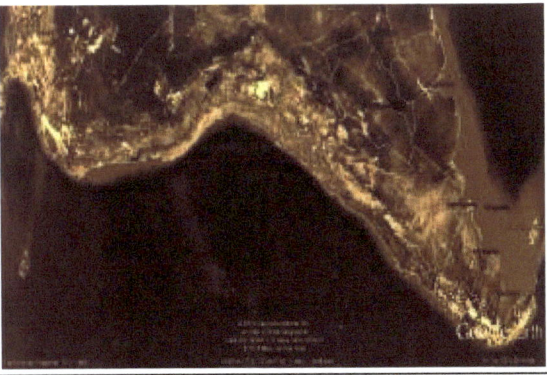

El impresionante alineamiento de las cordilleras, desde Alaska hasta la Centro América pasando por México son testigo de las ciclópeas fuerzas de cohesión que la corteza desarrolló contra la embestida del crecimiento de la esfera base. No se puede ignorar el engrosamiento de la zona de las Rocallosas, respuesta a la dimensión transversal del continente. Tampoco el esfuerzo meridiano para mantener la estructura que no impidió el desgajamiento de la península Baja California, ni la discontinuidad del litoral de la zona canadiense.

El enlace entre las dos grandes masas continentales esta dado por Centro América y la discontinua cadena de islas que van desde Cuba hasta venezolano. En medio el Golfo de México y el mar Caribe. Es fácil imaginar que las mayores masas se separaron porque una tenía su centro de masa al sur de la línea ecuatorial y la otra al Norte, esto obligó al estiramiento del enlace, desdoblándose todas sus estructuras.

El desarrollo de la cordillera andina muestra que el esfuerzo de crecimiento de la esfera base encontró resistencia en la estructura cortical, esto produjo la cordillera. Sin embargo la dirección de la tracción hizo pivotear la cabeza norte de Sud América y produjo el altiplano y el lago Titi Caca.

Al otro lado del continente, estiró el litoral y abrió golfos y bahías características: Rio de la Plata, Golfo San Matías, Golfo San Jorge, Bahía Grande. Por el Pacífico el rosario de islas Sur chileno.

- . En el sur, la esfera en expansión empujó al continente antártico aún vinculado con América; esto produjo la contracción este-oeste que dio origen a los Andes y el hundimiento del extremo sur de América del Sur. Más tarde la unión se rompería y la cordillera emergería en un largo proceso orogénico que continúa incluso hoy en día.
- En el caso de América del Norte, el borde norte se rompió con los siguientes fenómenos concomitantes: nació la Bahía de Hudson, nacieron los Grandes Lagos, la corteza se dividió dando lugar al archipiélago de Barry, Tierra de Baffin y otros.
- La mayor parte de la masa de la corteza sudamericana estaba, como hoy, montada en la Línea Ecuatorial. Esta condición forzó a esa parte del continente a mantener su posición pero, dado que el proceso de expansión continuó, América del Sur se distanció de América del Norte creándose el Golfo de México y las islas del Caribe. Centroamérica se desdobló de manera caprichosa y dio a luz la Península de Yucatán que al rasgarse dio origen al Golfo de Honduras. Panamá se estiró y desdobló, produciendo los valles del Magdalena y del Cauca en la actual Colombia, y el lago de Maracaibo en tierras de Venezuela.
- Es muy difícil seguir la compleja deformación de la pieza cortical sudamericana en su constante adaptación a la cambiante curvatura de la esfera terrestre a través del largo proceso de expansión; pero está claro que una combinación de fuerzas muy poderosas fue aplicada en la zona de la (hoy) frontera boliviano-peruana; este fenómeno originó la desviación violenta del extremo sur del continente hacia el Oeste.
- Este proceso tectónico también abrió la cuenca del Río de la Plata con sus gigantes Paraná y Uruguay, así como la cuenca del Orinoco, la inmensa cuenca del Amazonas con sus principales Marañón, Ucayali, Putumayo, Caquetá, Negro, Tocantins, Purús, Madeira, Japurá, Xingú y Tapajós; además de haber doblado la Cordillera para formar la meseta altiplánica con el Lago Titicaca.
- En el extremo sur de América, la interacción entre la expansión terrestre y la fuerza de cohesión de la corteza y sus cadenas montañosas, produjo la ruptura definitiva del vínculo entre la Península Antártica y el extremo Pacífico de Sudamérica. (Ver Lámina 21 PATAGONIA, ANTÁRTIC PENINSULA, SOUTH SANDWICH ISLANDS)

d) Australia, Papúa-Nueva Guinea, Nueva Zelandia, Indonesia

Australia, impedida de migrar al norte (debido a su posición Sur Ecuatorial) pero fuertemente vinculada con las masas corticales del norte, a través de la corteza de lo que hoy son: la Península Indochina, el archipiélago malayo, otras islas y sus plataformas tectónicas se separó tempranamente de la Antártida con la que inicialmente estuvo unida. Sin embargo, permaneció al sur de la línea ecuatorial.

Otra consecuencia de la conexión entre la Isla Continente y los archipiélagos asiáticos fue que Australia permaneció en una posición meridiana constante, mientras que Nueva Zelanda se deslizó hacia el Este con su correspondiente zócalo y otras islas con las que formó uno de los conglomerados de islas más primitivas en la tierra. (Ver Lámina 13

NUEVA ZELANDA Y ENTORNO SUBMARINO) (Ver Lámina 14 PENÍNSULA INDONESIA, MALASIA, ARCHIPIELAGO INDONESIO, FILIPINAS, PAPÚA).

Es interesante verificar en la foto correspondiente del fondo marino que rodea Nueva Zelanda, que esta isla es parte de una gran estructura que incluye islas como Vanuatu, Fiji y Tonga al norte; Adams, Oakland y Decepción al sur, y muchas otras.

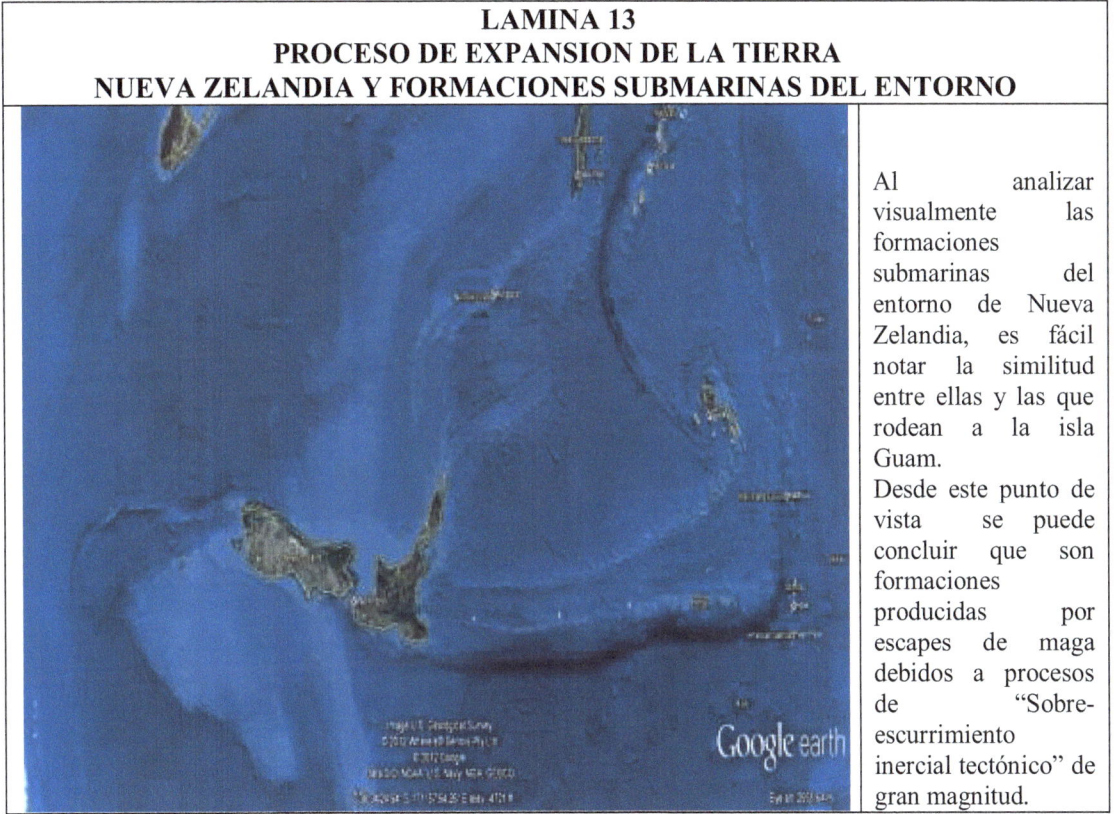

LAMINA 13
PROCESO DE EXPANSION DE LA TIERRA
NUEVA ZELANDIA Y FORMACIONES SUBMARINAS DEL ENTORNO

Al analizar visualmente las formaciones submarinas del entorno de Nueva Zelandia, es fácil notar la similitud entre ellas y las que rodean a la isla Guam.
Desde este punto de vista se puede concluir que son formaciones producidas por escapes de maga debidos a procesos de "Sobre-escurrimiento inercial tectónico" de gran magnitud.

e). –Antártida

La tensión constante producida por la expansión del globo, aplicada por milenios, contra la fuerza de cohesión de las piezas de corteza; produjo la ruptura definitiva entre la Península Antártica y el borde Pacífico de la Patagonia; ese fue el último enlace entre el continente antártico y cualquier otro continente. (Ver Lámina 15.- PATAGONIA, PENÍNSULA ANTÁRTICA, ISLAS SANDUICH DEL SUR).

Como se ve en la foto satelital, hoy el Continente Antártico tiene dos masas bien definidas, y su polo "paleo-magnético" está en el corazón de la masa continental más grande, desplazado de su equivalente geográfico unos 17 grados.

La Península Antártica casi desgajada de Sudamérica sugiere que durante el proceso de separación; la mayor masa continental del Polo Sur se desplazó ligeramente hacia África y Australia; sin embargo, Antártida permaneció unida al continente americano a través de la

Península Antártica, que se extendía como un muelle elástico. Durante milenios, este doble desplazamiento originó la deriva del Polo Sur paleo-geomagnético a su posición geográfica actual y ayudó, en América, al largo proceso orogénico que dio origen y crecimiento a la larga cordillera que, como dijimos va de polo a polo.

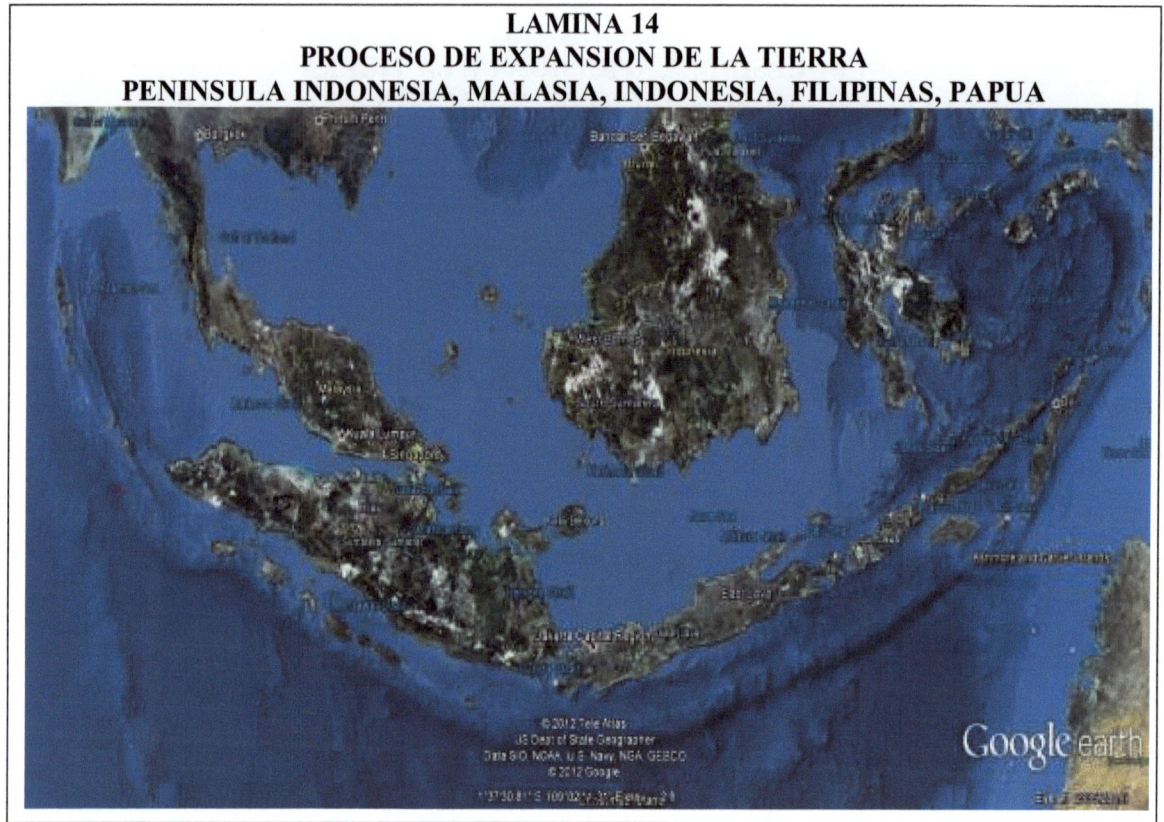

11) ESTRUCTURAS DE DESARROLLO TECTÓNICO SIMILAR

Si observamos la estructura geológica del conjunto formado por: Centro América, Cuba junto a la parte Norte de Sud América, tendríamos que reconocer que ese conjunto guarda inequívoca similitud de desarrollo tectónico con la estructura formada por: Península de Indochina, Malasia, Indonesia, Filipinas, Papúa Nueva Guinea y el norte de Australia. (Ver Lámina 16. - ESTRUCTURAS TERRESTRES DE DESARROLLO TECTÓNICO SIMILAR)

Para cualquier observador, será obvio "ver" que una disminución en el nivel del océano en el área asiática expondrá la plataforma actual de Indonesia y el norte de Australia; esto haría que esa similitud sea más clara.

En otras palabras, la fuerza expansiva global que interactúa contra la fuerza de cohesión de la corteza se expresa geológicamente, en ambos casos, en un fraccionamiento cortical similar. Está claro que la diferencia entre las dimensiones de las masas corticales (Asia y Australia, por un lado, y América del Norte y del Sur, por otro), así como la orientación Norte-Sur de América a diferencia de la orientación Este-Oeste de Eurasia, explicaría las diferencias de dimensión y otros.

Por otro lado, es evidente que el desarrollo de ambas estructuras tiene una orientación general Noroeste-Sureste, debido a la posición de las grandes masas de corteza a las que conectó en el pasado, y con las cuales todavía se interconectan hoy. Las dos estructuras son el puente de conexión entre dos grandes estructuras geológicas de la corteza. Algunos de los mares o golfos que están allí tienen zonas de gran profundidad, producidas por fisuras que cruzan su fina corteza hasta casi tocar el Manto terrestre.

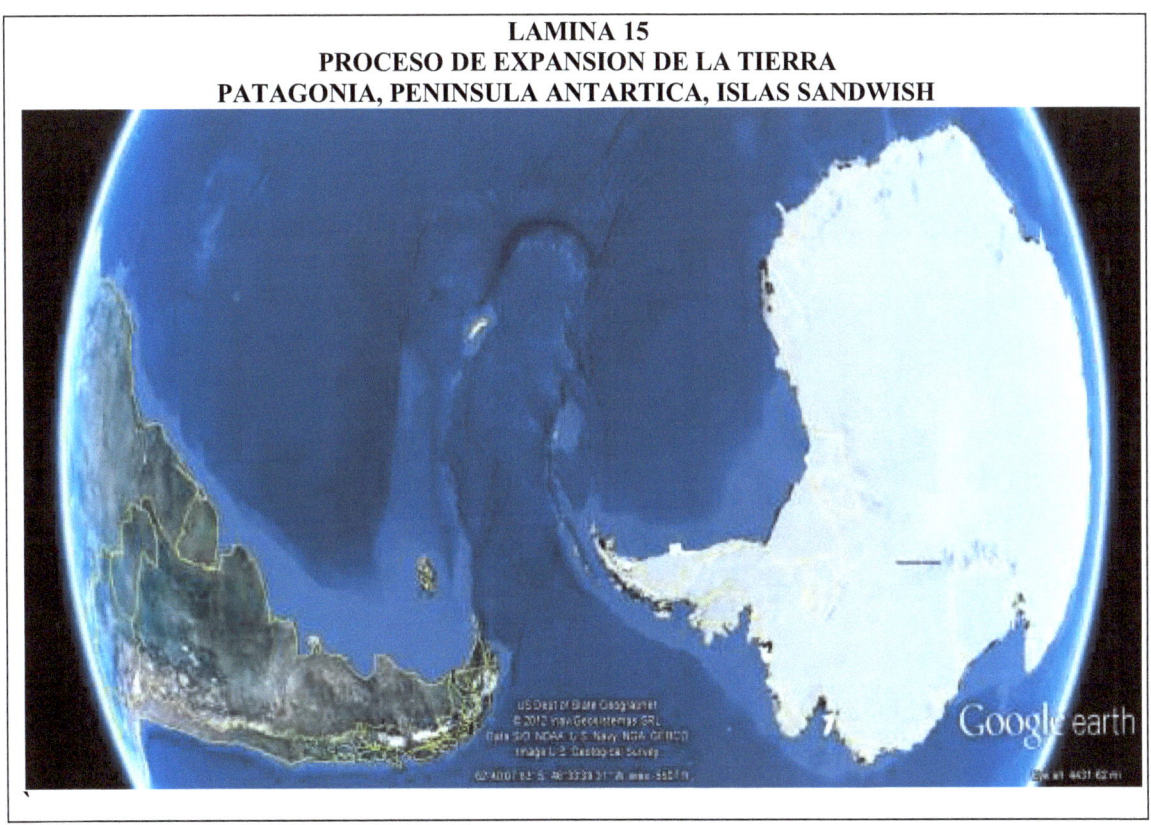

Lo dicho confirma el enfoque teórico de la expansión; es decir, estas estructuras son parte de la corteza original y su desarrollo es el producto de la expansión dinámica de la esfera planetaria.

De lo anterior es evidente que el desarrollo de estas dos áreas tiene características similares y, al estudiarlas, se debe tener en cuenta factores como: edad geológica, tamaño y forma de las estructuras corticales de las que se han separado, dimensión transversal previa al estiramiento y otros.

LAMINA 16
PROCESO DE EXPANSION DE LA TIERRA
ESTRUCTURAS TERRESTRES DE DESARROLLO TECTONICO SIMILAR

A - Golfo de México y Mar Caribe

B - Península Indochina, Malasia, Indonesia, filipinas, Papúa Nueva Guinea y el Norte de Australia

12) SISTEMAS DE CORDILLERA DE AMERICA Y EUROASIA

Las cadenas montañosas son los fenómenos terrestres continentales de mayor importancia y, de acuerdo con la hipótesis de que LA TIERRA SE EXPANDE DINÁMICA Y EQUILIBRADA, esas estructuras contribuyen a explicar cómo se fraccionó la corteza unitaria original y hoy es una estructura dividida. De acuerdo con la hipótesis, debe tenerse en cuenta que la fuerza generada por la expansión de la esfera terrestre es el origen y motor de las deformaciones y divisiones. A su vez, la expansión es consecuencia de la constante conversión de la masa de la tierra en energía que escapa al universo. La masa interna del planeta transformada en energía produce una reducción en la gravedad, lo que aumenta el volumen de la esfera base que presiona contra la corteza rígida. La tensión superficial gigantesca, consecuencia del aumento de la presión interna a través de las edades, se reflejó en las líneas de fuerza que aparecieron en la superficie del globo, convertidas en cadenas montañosas. (Ver LAMINAS 11 y 12).

Considerando: la rotación terrestre, el efecto inercial inducido por la rotación de la esfera terrestre, el eje terrestre cuyos dos extremos definen la posición actual de los polos geográficos y la circunferencia ecuatorial que divide la esfera en dos hemisferios; es lógico aceptar que las tensiones de la corteza primitiva, producidas por la expansión, se concentraron principalmente en dos líneas de fuerzas que rodearon el globo: una de polo a polo en dirección Norte - Sur, y la otra en dirección Este - Oeste a medio camino entre los polos.

Como era predecible; a medida que la esfera se hacía más grande, estas tensiones daban lugar a plegamientos que crecieron y se agrietaron formando sistemas cordilleranos. Esos sistemas de cadenas montañosas eran tan grandes y complejos como grandes eran las piezas de corteza en las que se desarrollaron.

Dada la naturaleza "no uniforme" de la corteza, es legítimo imaginar que la composición mineralógica se produjo en una distribución más o menos discontinua, esto explicaría algunos fenómenos de formación o deformación Ejemplo: los grandes yacimientos de cobre evidentes en los Andes peruano-chilenos-bolivianos, sugieren que la tenacidad de este elemento habría favorecido el estiramiento del sur del continente, a través de las edades, y su resistencia a la ruptura con la Antártica.

Como vimos, el esfuerzo de crecimiento de la esfera terrestre se transmitió a los continentes primitivos en forma radio-esferoidal pero, en un momento dado y por razones no definibles, las fuerzas se concentraron en dos líneas, fueron:

- El plegado ecuatorial alpino, con dirección este-oeste.
- El plegado andino, con dirección norte-sur.
- Estas dos líneas de fuerza que se cruzan, impulsadas por el gran esfuerzo de crecimiento radial desarrollado por la esfera de base; originó el escape de Alaska en dirección Sudoeste y el extremo de Siberia en dirección Sudeste. Además, esto desplazó el borde norte de América y Eurasia desde una posición cerca a latitud 90 ° Norte, hasta su latitud actual entre los 60 ° y 70 ° Norte.
- Para el sistema montañoso de América, que va desde el Polo Norte al Polo Sur (compuesto por los Andes, las cordilleras discontinuas de América Central, la Sierra Madre Mexicana, las Montañas Rocosas de América del Norte y la Cordillera de Brooks en Alaska), las "áreas remotas de la corteza", que impidieron el deslizamiento y generaron las gigantescas fuerzas de tensión que levantaron las montañas, fueron y son:
- La pieza de corteza de América del Norte actual, con su enorme dimensión y la fricción producida entre su superficie inferior y la correspondiente zona de la astenosfera, ayudado por su vínculo con Asia a través Alaska, y Europa a través de Groenlandia, aún unida al continente americano.

- América del Sur con dos zonas de fijación; Patagonia fuertemente soldada a la Antártida, y la gran superficie amazónica a caballo sobre el ecuador de la Tierra.

Bajo estas condiciones, el continente americano con su enorme forma de triángulo esférico y sujeto al proceso expansivo global se deformó pero mantuvo, durante la expansión, un ángulo que va desde el meridiano 178 ° Oeste (en Alaska) hasta el 68 ° Oeste (en Patagonia)

Los fenómenos referidos son el factor principal en la formación de complejos cordilleranos continentales que, repito una vez más, son una respuesta a la tensión superficial de la corteza causada por la expansión constante del globo terrestre.

La densidad global disminuye constantemente, en proporción directa al aumento de volumen y a la pérdida de masa y energía, que escapan al espacio exterior constantemente. La disminución en la densidad se reflejó, y se reflejará en la disminución de la gravedad y en expansiones sucesivas que continuarán mientras el planeta emita masa y energía, y continúe alejándose de su centro de energía (el Sol) tal como fue registrado por los Calendarios ancestrales.

13) LOS OCEANOS

a) Los Océanos y sus lechos

Con el advenimiento de la era espacial y los satélites artificiales, llegó una revolución sin precedentes en muchas áreas del conocimiento. Uno de esos avances, de gran y espectacular impacto, ha sido la óptica espacial que permitió fotografiar el lecho oceánico; hoy lo "vemos" claramente en todas sus características y accidentes y, además, con la ayuda de dispositivos de ultrasonido "conocemos" con asombrosa precisión la profundidad de cada punto de la geografía oceánica. Ahora es posible revisar, comparar y comprender las teorías de la dinámica geológica de la corteza terrestre (Ver Gráficos.- 15, 17, 18, 19A, 19B, 25, 26 y 27).

Después de los análisis panorámicos del fondo del océano, a través de las fotografías de GOOGLE EARTH, se deduce que hay accidentes, diferentes tipos de cambios y modificaciones en el fondo marino, en este sentido es posible identificar, entre muchos otros, lo siguiente:

- Zonas de migración continental y derrame de magma, ejemplo: India, Sud África, Guam, Japón y fondo oceánico de las Filipinas
- Arcos insulares, ejemplos: mar de la China, mar de Japón, península Kamchatka, Indonesia, archipiélago Bering, Islas Salomón, Nueva Zelandia, mar Caribe, Patagonia, islas Sándwich del Sur, península Antártica.
- Cordilleras o dorsales oceánicas, ejemplos: Dorsales Atlántico Norte y Atlántico Sur, fractura Bismark II en el océano Índico, dorsal del Pacífico.
- Fosas oceánicas
- Plataformas continentales
Así mismo, hay elementos que afectan esos cambios, modificaciones o accidentes:
- Posición geográfica

LAMINA 17
PROCESO DE EXPANSION DE LA TIERRA
OCEANO PACIFICO Y LECHO – NORTE, CENTRO Y SUR

OCEANO PACIFICO NORTE

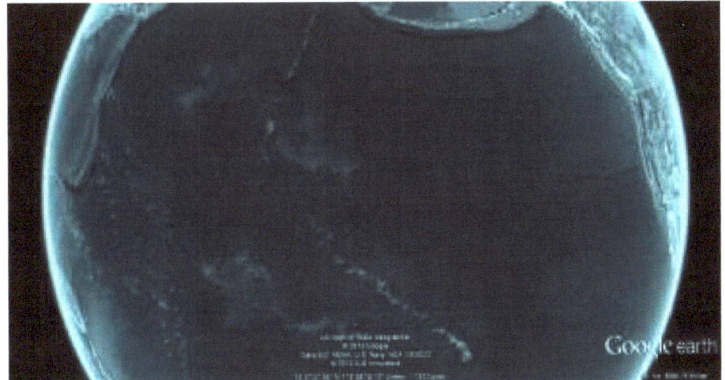

OCEANO PACIFICO CENTRO

OCEANO PACIFICO SUR

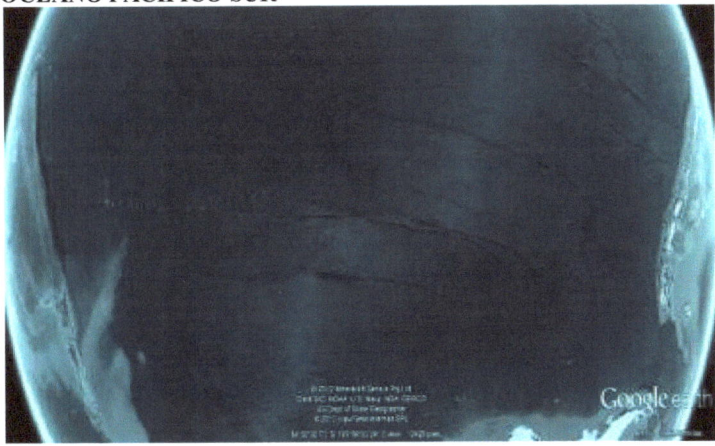

OCEANO PCIFICO NORTE
La imagen muestra una huella de sobre-escurrimiento, que se convierte en protuberancias volcánica. Aquí nacen las islas Hawái; la línea se desplaza al noroeste hasta un punto en latitud 32° 21' N y longitud 173° 38 E, donde cambia al Nornordeste hasta encontrarse con Kamchatka.

En el lado Este hay huellas de resbalamiento de Norte América. Las más notorias son tres con orientación de Oeste a Este.

Al oeste de la línea volcánica hay una gran área con protuberancias discontinuas que no obedecen a ningún patrón y sugieren etapas de vulcanismo.

El atolón de Johnston es parte de una estructura paralela a la formación hawaiana que incluye el atolón de Palmira y la isla de Kiribati y llega a la "Dorsal" de las Islas Tuamotu en la Polinesia Francesa.

OCEANO PACIFICO CENTRAL
Desde la Dorsal de la isla Tuamotu hay hasta siete líneas de deslizamiento que se extienden hacia Sudamérica, lo que sugiere que la esfera terrestre y el Océano Pacífico se expandieron a medida que ese continente se deslizaba, por milenios, hacia el este.

OCEANO PCIFICO SUR
En esta parte se repiten las características anteriores y sobre la línea que se extiende de Este a Oeste a la altura del Trópico de Capricornio está la Polinesia Francesa, y más hacia el Este Pitcairn, Pascua y próximas al litoral chileno San Félix y San Ambrosio. Desde esa latitud hasta la Antártida se ven las últimas cuatro líneas mayores.

- Dimensión de la pieza continental cercana
- Conexión o no con piezas de la corteza original
- Eje de desarrollo Este –Oeste o Norte-Sur

LAMINA # 18
PROCESO DE EXPANSION DE LA TIERRA
OCEANO ATLANTICO CENTRO, SUR Y LECHOS

ATLANTICO CENTRO

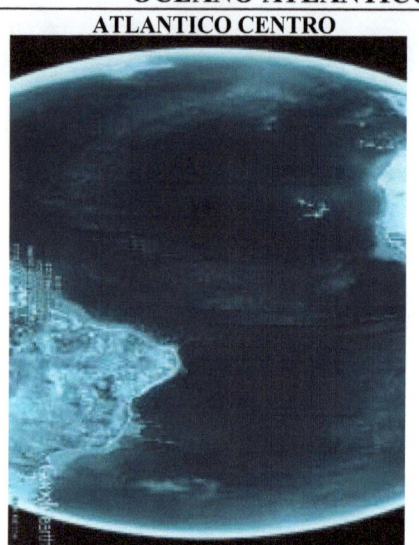

ATLANTICO CENTRO
El Dorsal del Atlántico corre hacia el sur en la parte central de ese océano. Es de notar que la continuidad de la línea, que era característica de la parte norte, se pierde en esta sección. Al llegar al meridiano de las Islas Vírgenes, la línea dorsal cambia; continúa hacia el sur adoptando la forma de una línea discontinua cruzada por fracturas transversales, cada cierta distancia. La línea principal del Dorsal se mantiene a medio camino entre África y América. Los saltos de líneas discontinuas le permiten seguir el contorno de los continentes. En esta sección se encuentra la Isla de la Ascensión, referida en la sección "Un intento cronológico"

ATLANTICO SUR

ATLANTICO SUR
La Dorsal del Atlántico continúa hacia el Sur y termina en Lat. 50° 41' 86" S, Long. 6° 37' 19.25 O, profundidad 8650 pies.
Es importante señalar que en esta área el lecho del Atlántico se ve alterado por afloramientos alargados vinculados a la costa de Sudáfrica y otros en la Patagonia y la Península Antártica.
En uno de estos afloramientos hay un grupo de tres montañas submarinas identificadas como Hintsa, Sandile, Meteor (existen otras). Haciendo uso del GUGLE EARTH, el autor ha verificado lo que parece otra montaña, o la prolongación de una de las nombradas, su ubicación sería Lat. 47° 39' 27.86" S, Long. 10° 22' 11.66" E. La profundidad sería de 9 pies. Esta montaña se ve rodeada de profundidades oceánicas de más de 14,728 pies.

Por otro lado, los diversos tipos de accidentes, cambios o modificaciones geológicas se combinan y complican entre sí en muchos casos. Cabe señalar que los cambios, accidentes o modificaciones referidos son también, de una forma u otra, una consecuencia de la expansión de la esfera terrestre, que como vimos, es la respuesta de todo EME que pierde masa-energía por la gravitación universal.

Las vistas del frente ASIA-PACÍFICO de la Lámina # 20 muestran que la formación de arcos insulares se debe principalmente a una gran cantidad de magma derramado por debajo de las estructuras continentales.

Esas fotografías del Google Earth muestran derrames escalonados de magma, que produjeron los arcos insulares de Guam y alrededores. Esto confirma que los arcos insulares son producto de la aceleración de la rotación terrestre causada por los eventos de expansión. Estos eventos se producen durante variaciones del equilibrio inercial.

El magma que escapó por debajo de la corteza continental fue impulsado por inercia en un evento en el cual, el continente firmemente adherido a la esfera base aceleró rotacionalmente mientras el magma se desbordaba por debajo del margen continental, dejando a nuestra sorpresa los arcos insulares que vemos hoy, pero que se repetirá con cada proceso de expansión con aceleración, en el futuro.

En el archipiélago japonés, el magma subyacente desgarró y desbordó el límite continental en sucesivas etapas de expansión y aceleración de la Tierra; esto dio origen al arco insular y al mar de Japón con su lecho. (Ver LAMINA # 23).

En los casos de Mar de Bismark e Indonesia, se repite el caso de migración y escape de magma con formación de arcos isleños, como se muestra en las láminas 20 y 21. En este caso, sin embargo, se debe notar que los arcos insulares se formaron con parte del margen continental expandido y, después de los arcos, las plataformas continentales forman depresiones que en futuras expansiones podrían constituir mares interiores, golfos o bahías. Las vistas del archipiélago de Bering con su mar y la Patagonia con la Península Antártica y el fondo oceánico son una demostración de dos fenómenos geológicos ocurridos durante eventos de expansión de la tierra en áreas geográficas distantes; sin embargo, los eventos tuvieron similitudes y diferencias que podemos ver hoy. (Ver Lámina # 22).

La diferencia más sobresaliente es que, mientras Sudamérica arrastraba y forzaba el deslizamiento de la Patagonia hacia el Noroeste, la Península Antártica y el lecho oceánico se desarrollaban en dirección Oeste-Este; esto generó que la aceleración rotativa de la Tierra impulsara al magma hacia el Este; hoy podemos ver las Islas Sandwish del Sur en esa cresta de magma.

Por otro lado, el desarrollo del archipiélago y Mar de Bering tiene una dirección general Norte-Sur, ya que, cuando se abrió el Océano Atlántico, también se abrió el Ártico. Los paleo-continentes América y Euro-Asia se separaron migrando hacia el Sur y, a medida que se separaban, ocurrieron varios cambios importantes. Alaska se volvió hacia el suroeste, lo que contribuyó a la apertura de la bahía de Hudson. Mientras tanto, la península Kamchatka se volvió hacia el sudeste, esto originó la apertura del Mar Okostk. La fuerza de estiramiento originó la cadena insular de Bering que, de alguna manera, define el borde sur de la plataforma continental de la corteza terrestre original en esa área.

b) Fosas marinas

El 3/6/2013 a las 9:04 PM, observé un punto de gran profundidad en las cercanías de la isla de Tonga. La observación se realizó con el programa "Data LDEO Columbia NSF NOAA" a través de GOOGLE EARTH. Las coordenadas geográficas fueron:

22° 22' 18 .38" S - 174° 10' 34.91" O

El origen de las fosas obedece a diversas razones geodinámicas.

La expansión de la esfera terrestre se realiza a través de etapas sucesivas que corresponden a diámetros terrestres cada vez más grandes, por lo que la curvatura de la esfera base es cada vez más abierta respecto a la curvatura de la corteza primitiva que, debido a su naturaleza rígida, mantiene su curvatura original. (Ver Lámina 1 PROCESO DE EXPANSION DE LA TIERRA)

LAMINA 19 A PROCESO DE EXPANSION DE LA TIERRA OCEANO ÍNDICO NORTE Y SU LECHO	LAMINA 19 B PROCESO DE EXPANSION DE LA TIERRA OCEANO ÍNDICO SUR
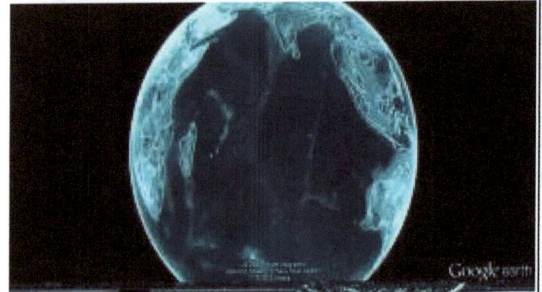	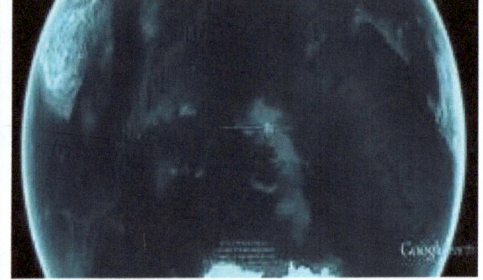
La dorsal que pasa entre Sud África y Antártida y cruza parte del Indico en dirección Noreste, varía hacia el Norte en dirección a la costa Oeste de la India y en este tramo crecen la islas Maldivas. La cordillera submarina que va desde los Territorios Británicos del O. Indico hacia el Norte y corre paralela a la costa occidental de la India, es otro elemento que demuestra que la India ha fugado hacia el Norte jalada por el continente Euro-Asiático, desde una posición cercana al Ecuador hasta su posición actual.	Parte Sur del O. Indico, en ella se puede ver dos dorsales submarinas que se abren, una hacia el Oeste para pasar entre África y el Antártida, y la otra hacia el Este para pasar entre Australia y el Antártida. En el centro de ambas están las Tierras Australes, Antárticas Francesas y las islas Heard y McDonald que coronan una estructura que parece afloramiento de magma ocurrido cuando los continentes África y Australia fugaban hacia el Norte en un evento de expansión terrestre, o una parte de la corteza original que creció con magma volcánico.

Como consecuencia, cuando aumenta el diámetro del planeta, los bordes de las piezas de corteza presionan sobre la astenosfera con fuerza creciente. La presión superficial ejercida por el lecho marino en crecimiento se agrega al fenómeno anterior. Este doble esfuerzo acompañado de otros fenómenos, como el efecto "Desbordamiento Inercial Magma-Tectónico", da lugar a procesos de subducción y formación de fosas marinos.

Otro tipo de fosa surge cuando las cadenas montañosas, que bordean las masas continentales (como los Andes en América del Sur) se estiran en respuesta a la expansión global. En este caso, la contracción transversal a 90o del eje de la cordillera hace que la cadena montañosa crezca verticalmente. Esto produce subducción y da lugar a la fosa.

c) Cordilleras oceánicas

Las cordilleras oceánicas también son resultado de la expansión. Al expandirse el globo aparecen grietas en la parte más delgada del fondo oceánico, generadas por la tensión producida por la expansión, el magma plástico a alta temperatura fluye del interior del globo a través de ellas. La acumulación de magma y su enfriamiento rápido dan, dieron y darán origen a las cadenas que forman las cordilleras oceánicas. Las cadenas montañosas oceánicas más notables se encuentran en el Océano Atlántico con un desarrollo general Norte-Sur, en cambio las del Pacífico y el Índico tienen un desarrollo más complejo pero menos definido.

d) La Placa Cocos (Ver LAMINA 24 PLACA COCOS)

La Lámina 24 muestra una fotografía del fondo marino de la placa COCOS (posición geográfica de GOOGLE EARTH 9o 55 '38 .48 "N - 104o 31' 04.72" S). Los puntos blancos que se pueden ver al oeste de los volcanes son lugares de exploración científica. La profundidad promedio alrededor de los puntos de estudio es más de 8350 pies. La boca del volcán más grande está a 500 pies de profundidad bajo el nivel del mar, lo que le da a ese volcán una altura promedio de 2850 pies sobre el lecho oceánico. Las líneas Norte-Sur cerca de los volcanes son una respuesta a eventos de expansión.

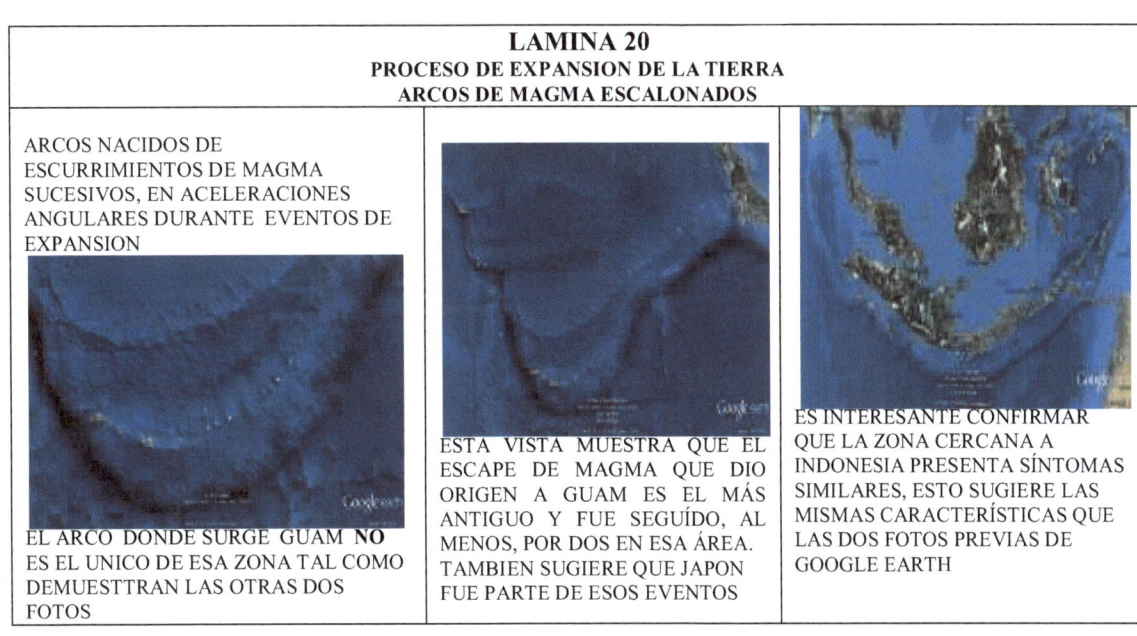

e) Océano Pacífico (Ver LAMINA # 17 - OCÉANO PACÍFICO NORTE, CENTRO, SUR Y SU LECHOS)

El Océano Pacífico nació como una consecuencia de la primera expansión de la Tierra después de la consolidación de la corteza, la fractura de la corteza corrió de polo a polo y creó el primer pozo oceánico al que se precipitó parte de las aguas que cubrían todo el globo. El lecho del Océano Pacífico está atravesado por una compleja cadena de montañas submarinas que son producto de diversas expansiones que marcaron el lecho de este océano.

f) Océano Atlántico (Ver LAMINA # 18.- OCEANO ATLANTICO CENTRO, SUR, Y SUS LECHOS)

El Océano Atlántico es el segundo en dimensión. Está atravesado por una cadena de montañas submarinas que corre de polo a polo siguiendo una dirección general norte-sur llamada "Dorsal Atlántica". Esta cadena montañosa nace en el océano Ártico en un punto cuya posición geográfica aproximada es: Lat. 81° 38' 31.70 N, Long. 119° 17, 39.07 E. Profundidad 15559 pies. Ese punto está a poca distancia de la isla Volchevic.

La dorsal se desarrolla hacia el Sur y pasa entre Groenlandia y las islas noruegas Svalvard. Continúa al Sur hasta llegar a Islandia que está sobre la dorsal y evidencia esa situación con su importante actividad vulcano-térmica

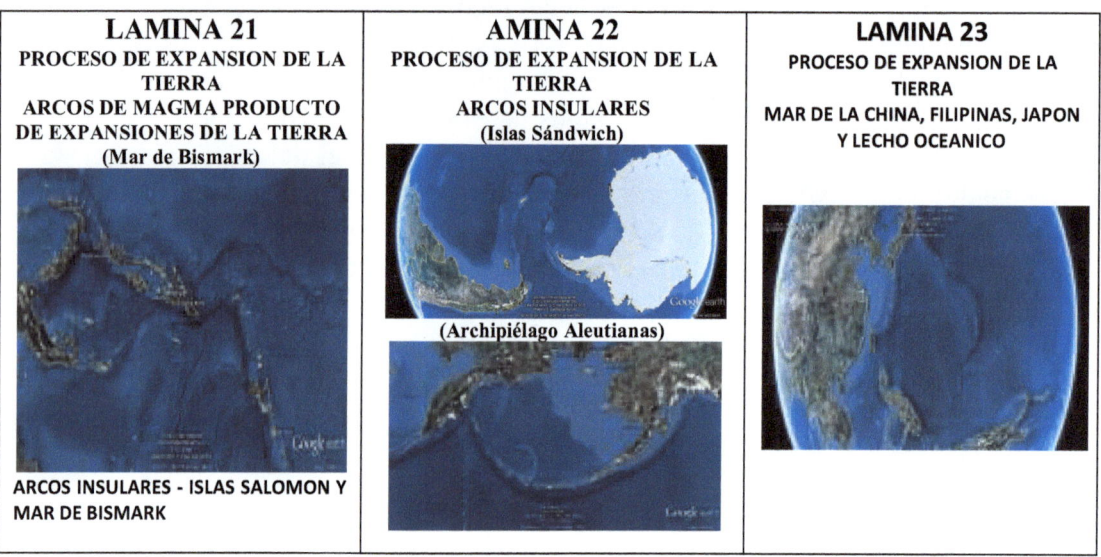

La Dorsal del Atlántico continúa hacia el sur siguiendo el perfil de los continentes que limitan el Atlántico. En la Dorsal hay islas características que fueron referidas en este trabajo en la sección "Un intento cronológico".

g) Océano Índico (Ver LAMINA 19A, 19B # OCEANO ÍNDICO NORTE Y SUR Y SU LECHO, LAMINA # 25 MAR ARABIGO)

El Océano Índico es el tercero en dimensión, su límite Norte es el continente asiático. Toda su parte Norte se encuentra entre los trópicos. El Mar Arábigo al Oeste de la India y el Golfo de Bengala al Este tienen su límite septentrional muy cerca de 23° 27 'Norte (Trópico de Cáncer), mientras que el Trópico de Capricornio (paralelo 23° 27' Sur) está al Sur de Madagascar en el Oeste y pasa a través del Cabo Range (Australia) al Este del Océano Índico.

La parte sur del Océano Índico llega al Continente Antártico y se comunica por el Este con el Océano Pacífico, al Sur de Australia; y por el Oeste con el Océano Atlántico, al Sur de África.

El Océano Índico tiene sus propias características, diferentes de las de los otros dos grandes océanos. Muestra con gran claridad la interacción entre los continentes y los fondos oceánicos, mientras la esfera planetaria se hacía más grande. Está absolutamente claro que el

Océano Indico está circunscrito por cuatro estructuras continentales que se alejaron entre sí a lo largo de milenios.

**LAMINA 24
PROCESO DE EXPANSION DE LA TIERRA
PLACA COCOS**

Uno de los extremos característicos del Pacífico central es el ángulo formado por el litoral de Panamá y Costa Rica con los de Colombia y Ecuador. En la fotografía del fondo oceánico se aprecian dos líneas de sobre-escurrimiento que, naciendo del archipiélago Galápagos llegan a las costas de los mencionados países. De acuerdo a la teoría de expansión del globo terrestre, es claro que los puntos donde llegan las líneas de sobre-escurrimiento se han alejado de las Galápagos en el remoto pasado, en tanto que Centro América se desdoblaba para mantenerse unida a las dos Américas, y América del Sur se alejaba radialmente hacia el Este de las islas, pero manteniendo su latitud sobre el Ecuador terrestre. Las características de la placa de Cocos se pueden ver en su foto del lecho marino, las líneas en dirección norte sur muestran que la expansión, en esa zona, ocurre de oeste a este debido a que el continente corre hacia el este. La posición de América del Norte en relación con América del Sur obligó a América Central a extenderse en dirección NW hacia SE

La expansión, la aceleración de rotación terrestre y el afloramiento de magma fueron los motores de esos cambios

- Al Norte: Eurasia en lo correspondiente a su litoral de Arabia, Irán, Afganistán, India.
- Al Sur: el continente Antártico, con su océano a través del cual, el Indico se comunica con los océanos Pacífico y Atlántico.
- Al Este: Indochina, las islas del Archipiélago Malayo y El litoral Oeste de Australia.
- Al Oeste: el litoral Este de África

Del análisis de las estructuras submarinas se aprecia la existencia de Cordilleras producto de afloramientos de magma con islas como: las Maldivas, Seychelles, Mauricio y Reunión, Tierras Australes y Antárticas Francesas, islas Heard y McDonald y otras.

También hay varias estructuras dorsales; unas con forma escalonada, otras con forma unidireccional y líneas de expansión paralelas a la dorsal; todo lo cual hizo posible y en el futuro hará posible expansiones esférico-radiales del planeta en esa zona..

h) Océano Antártico (Ver LAMINA 26 OCEANO ANTARTICO Y LECHO)

El Océano Antártico rodea el continente antártico y se comunica con los océanos más grandes, Atlántico, Pacífico e Índico. Su lecho tiene cadenas montañosas y dorsales que dejaron las enormes fuerzas que movieron los continentes África, Australia y América muy lejos de Antártica, respondiendo a la expansión del globo terrestre y sus cambios de velocidad de rotación.

LAMINA 25
PROCESO DE EXPANSION DE LA TIERRA
MAR ARABIGO

El mar Arábigo es parte del O. Indico y se ubica al Oeste de la India, ver la foto del Google, el límite Sur está dado por una dorsal que corre de Oeste a Sureste a partir de la isla Suqutra (Yemen), hasta la altura de las islas Maldivas. Luego corre paralela a la dorsal de las islas Maldivas.

La parte final de la dorsal presenta desplazamientos escalonados similares a la dorsal del Atlántico Medio. Esto demuestra el esfuerzo transversal de adecuación de la corteza al crecimiento esférico terrestre. Más al Suroeste de estos desplazamientos hay una formación submarina angular que incluye las islas Seicheles al Norte, Mauricio y Reunión al Sur. Esta estructura sugiere un antiguo afloramiento de magma. Algo más al Suroeste está Madagascar.

Al observar la estructura del lecho antártico, el estrechamiento del paso Drake es obvio. La circulación oceánica que gira de oeste a este, obliga al agua oceánica a pasar a través del estrecho canal que se forma entre la Patagonia y la Península Antártica. Esta característica genera las corrientes fuertes e irregulares que han dificultado la navegación desde el descubrimiento de Colón hasta nuestros días, pero también favorece la transferencia de energía por convección a través de los océanos que se ve aumentada por la circulación.

Es importante considerar que la termodinámica de los océanos de la Tierra varió cuando la expansión rompió el vínculo entre la Patagonia y la Península Antártica. En épocas anteriores a esa ruptura, las aguas oceánicas tenían menos vías de comunicación, tenían menos movilidad y la termodinámica oceánica era diferente a la actual, ¿podrían esos cambios geológicos explicar cambios climáticos radicales, como las glaciaciones del pasado?

i) **Océano Glacial Ártico** (Ver LAMINA 27 OCEANO GLACIAL ARTICO Y LECHO)

La corteza primitiva alrededor del Polo Norte se fracturó cuando Eurasia y América del Norte se desplazaron hacia el sur durante los eventos de expansión de la Tierra. Esos eventos tuvieron fenómenos concomitantes como la fragmentación del archipiélago de Barry, la separación incipiente de Groenlandia, la apertura de la bahía de Hudson, el nacimiento del paleo Atlántico y, entre Alaska y la península de Kamchatka, el Arco de la islas Aleutianas. En la foto del fondo oceánico, se pueden identificar algunos accidentes importantes.

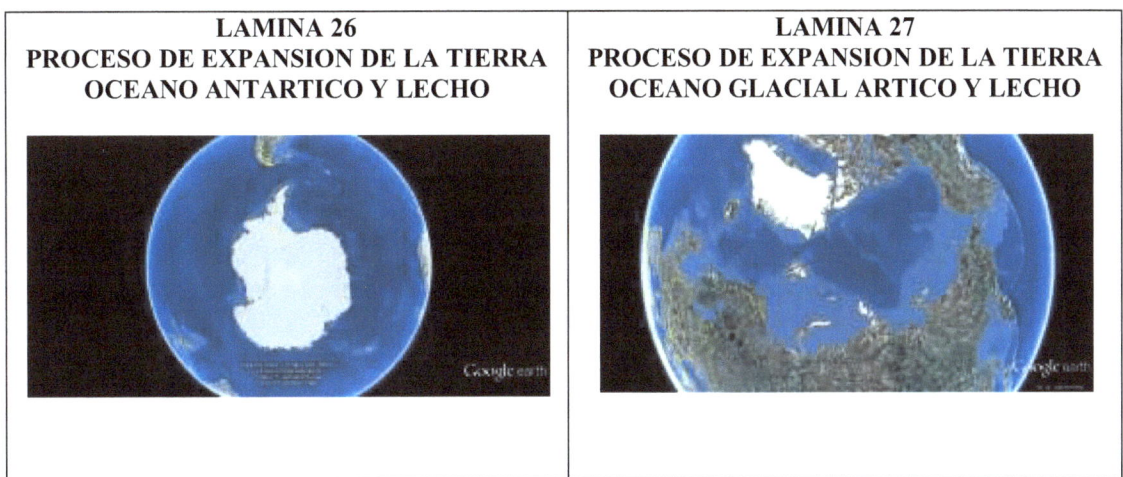

LAMINA 26	LAMINA 27
PROCESO DE EXPANSION DE LA TIERRA OCEANO ANTARTICO Y LECHO	PROCESO DE EXPANSION DE LA TIERRA OCEANO GLACIAL ARTICO Y LECHO

El dorsal del Océano Atlántico nació cerca del Polo Norte se extiende desde el Ártico hasta la Antártida y, como se dijo al hablar de la costa norte de los continentes Eurasia y América. Si comparamos la posición actual del Polo Norte geográfico (marcado con el ícono verde en la fotografía), con el remanente magnético del Paleo-Polo, que está ubicado en una de las islas del archipiélago Barry (marcado con un ícono rojo en la fotografía), es congruente aceptar que el remanente magnético del Paleo-Polo Norte, migró arrastrado por la parte de la corteza del continente en el que estaba antes del proceso de apertura del Océano Ártico. Al mismo tiempo, las costas de América del Norte y Eurasia migraron hacia el sur. Sin embargo, la apertura no fue la misma en toda la costa de América-Eurasia, sino que siguió un "patrón espiral". Por lo tanto, Alaska y Kamchatka están conectados por un zócalo común; mientras que en el otro extremo del Ártico, la cordillera submarina del Atlántico está a media distancia entre Groenlandia y Europa

CONCLUSION

Teniendo como premisa que la expansión del globo ha generado cambios importantes en la geología de los continentes y sus estructuras corticales, es evidente que el continente Euroasiático se ha alejado del Polo Norte, pero también se ha distanciado del ecuador porque la superficie de la esfera base se hizo más grande que el tamaño de la corteza original, esto fue lo mismo en cada pieza original de corteza.

Por esta razón, el PLEGAMIENTO EURO-ASIATICO ha servido como gran cinturón, forzando a esa parte de la corteza a un estrechamiento superficial importante. Las cadenas montañosas del Norte de la India impidieron que el Océano Índico cortara el continente para continuar su camino hacia el Norte, de modo que quedó atrapado entre pedazos de corteza continental, tal como lo conocemos hoy.

Por otro lado, la EXPANSIÓN DEL GLOBO TERRESTRE, el PLEGADO ANDINO y la DORSAL ATLÁNTICA produjeron la división meridiana de la corteza primitiva y dieron lugar a los grandes océanos Atlántico y Pacífico.

El fenómeno que este ensayo denomina "Sobre-escurrimiento Inercial Magma Tectónico" explica claramente la existencia de Arcos Insulares como Guam y otros, pero también abre un frente de investigación contra el cual deberán someterse muchas de las ideas que la ciencia ha estado aceptando, hasta hoy.

Los "datos" aportados por los calendarios de culturas ancestrales abren nuevos espacios de investigación, considero que es imprescindible su evaluación y estudio.

Otro punto importante es que, la India fue "arrastrada" hacia el norte cuando Eurasia tuvo que estirarse y adaptarse a la esfera terrestre en expansión. Es evidente que las huellas dejadas por el Subcontinente en el lecho del Océano Índico fueron producidas por una gran pieza geotectónica que se "deslizó por tracción" y no fue "empujada".

Teniendo en cuenta todo lo escrito, resumido en:

a) La disminución constante de la 'Masa' solar, que se refleja en disminución constante de la fuerza de atracción gravitacional sobre los planetas,
b) Las huellas dejadas por los pedazos de corteza, como el Subcontinente Indio, África y las diferentes formas de cadenas montañosas y crestas submarinas en los lechos de océanos y mares
c) Las cadenas de montañas terrestres en Eurasia, América continental y otras,
d) El "Sobre-escurrimiento Inercial Magma Tectónico", ignorado por la ciencia hasta hoy,
e) Los calendarios de culturas ancestrales,
f) La contracción superficial de la corteza, producida como una consecuencia de la expansión global, lo cual genera fuerzas de tensión capaces de mover grandes pedazos de corteza; como el caso del Subcontinente Índico cuando se deslizó sobre el manto de la tierra arrastrado por la deformación longitudinal de Eurasia,

Debe aceptarse que; la "expansión equilibrada" de la Tierra fue, es y será real.

En consecuencia, la Tierra continuará expandiéndose a través de las edades si el Sol continúa perdiendo masa; pero, como veremos en el "Libro 3" de este ensayo, la acción humana ha alterado la termodinámica terrestre y está cambiando el equilibrio dinámico de la corteza terrestre con serio riesgo para todos los seres vivos de NUESTRO planeta.

EQUILIBRIO EN LA TERMODINAMICA TERRESTRE
LA TIERRA UNA MAQUINA TERMICA

LIBRO TRES

Autor: Luis Javier Artieda Carpio

LIBRO TRES

EQUILIBRIO EN LA TERMODINAMICA TERRESTRE

PROLOGO: TIERRA Y ENERGIA

Índice

1) DISCONTINUIDADES... ¿QUÉ SON?
2) CAMPO MAGNÉTICO y fuga de energía por los polos de la Tierra
3) LAS MAREAS Y SUS EFECTOS
4) FENÓMENO "EL NIÑO"
5) LA ACCION HUMANA
6) EFECTO INVERNADERO
7) CONSECUENCIA DEL FENOMENO INVERDANERO
   EPILOGO

EQUILIBRIO EN LA TERMODINAMICA TERRESTRE

Índice de Láminas

Lámina # 1	LA TIERRA UNA MAQUINA TERMICA
Lámina # 2	DEFORRESTACION
Lámina # 3	AGRICULTURA Y DESERTIFICACION
Lámina # 4	IRRIGACIONES DESTRUCTIVAS
Lámina # 5	BASURA PLASTICA EN LOS OCEANOS
Lámina # 6	POLUCION OCEANICA

LIBRO TRES

EQUILIBRIO EN LA TERMODINAMICA TERRESTRE

En el Libro 2 vimos que la Tierra es un planeta núcleo de pesado, con alto nivel de energía interna. La energía se transmite a la superficie de la tierra a través de un proceso de convección difícil de estudiar, definir y evaluar, pero al que convergen: la morfología terrestre y sus discontinuidades, variación de naturaleza y fases, orientación energética, los cambios que la energía produce en su tránsito desde el centro de la esfera a la superficie.

Como es congruente, la energía que transita dentro de la tierra afecta: el Campo Magnético de la Tierra y la masa / energía que se filtra al espacio, las mareas y sus consecuencias, especialmente la Marea Estacional Tectónica cuya naturaleza podría alterar el equilibrio terrestre con graves riesgos para los seres vivos viviendo en la tierra y muchos otros efectos hasta no estudiados.

Por otro lado, y descontando el gran archivo sísmico, tenemos muy poca información sobre la energía que genera los terremotos. A pesar de estas limitaciones, los geólogos han llegado a la conclusión de que el planeta está dividido en varias partes concéntricas llamadas: núcleo interno, núcleo externo, manto y corteza. Estas diferentes partes están separadas entre sí por lo que hoy conocemos como "DISCONTINUIDADES".

1) DISCONTINUIDADES... ¿QUÉ SON?

A través del estudio de la sísmica terrestre, incluidos los datos producidos artificialmente por ensayos nucleares subterráneos, se ha hecho evidente que existen ciertos límites que separan la esfera terrestre en capas que el ser humano ha llamado DISCONTINUIDADES.

Estos límites son lugares geométricas continuos y envolventes, de la esfera, donde ocurren cambios térmicos y / o físicos del material de la tierra. Estos cambios se hacen evidentes por las alteraciones de velocidad de las ondas sísmicas que los atraviesan.

No hay ninguna razón para suponer que el material de las discontinuidades tiene naturaleza diferente del material anterior o posterior, pero es necesario aceptar que marcan el límite donde la materia terrestre cambia de fase o estado. Cuando las ondas sísmicas atraviesan discontinuidades, modifican su comportamiento de manera consistente. Esto ha llevado a los sismólogos a construir una forma de radiografía estructural del planeta.

A efecto de este trabajo nos centraremos en la discontinuidad más cercana a la superficie terrestre que ha sido con el nombre de su descubridor, ANDRIJA MOHOROVICIC.

a) "Discontinuidad de Mohorovichic"

La discontinuidad de Mohorovicic (o simplemente Moho) es el límite que separa la litosfera (corteza terrestre) del manto; marca un cambio abrupto de la velocidad de las ondas sísmicas. Cuando las ondas sísmicas P (ondas de presión) cruzan esta discontinuidad, su velocidad aumenta de 7.0 a 8.1 km por segundo.

El sismólogo croata ANDRIJA MOHOROVICIC (1857-1936), trabajando en sismógrafos yugoslavos en 1909, fue el primero en observar este sorprendente fenómeno geológico.

Bajo los continentes, Moho marca la transición entre la roca de granito continental (SIAL) y la peridotita ultra-básica (SIMA) del manto terrestre. La discontinuidad de Mohorovicic se encuentra a una profundidad promedio de 35 km bajo los continentes, pero la profundidad es mayor bajo las cadenas montañosas.

Por lo general, debajo de las cuencas oceánicas, Moho está a solo 6 km de profundidad y marca la transición entre el basalto oceánico de la corteza y la peridotita del manto.

b) MOHO, último límite de equivalencia energética

Estudios sismológicos demuestran que MOHO es el límite externo del MANTO. La Litosfera, con su forma y profundidad variables, se apoya en el MANTO.

La energía, que fluye del centro de la Tierra, se distribuye radialmente a través de la esfera. Es congruente aceptar que la energía se distribuye homogéneamente a través de la esfera terrestre porque no hay forma de verificar la existencia de obstáculos que orientan o limitan su flujo hacia la superficie; excepto aquellos que oponga la corteza; como su diversidad de **'fases'**, diverso grado de energía, posición geográfica o elementos con los cuales la corteza está en contacto como atmósfera y océanos.

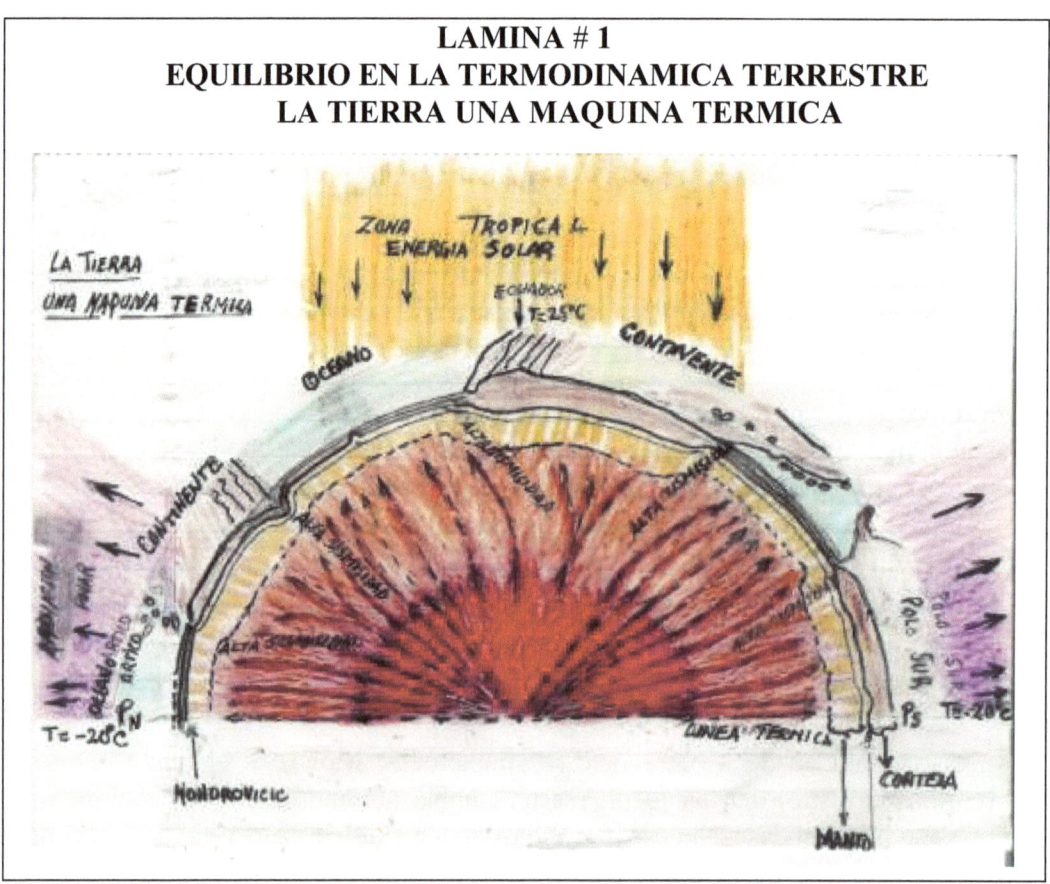

LAMINA # 1
EQUILIBRIO EN LA TERMODINAMICA TERRESTRE
LA TIERRA UNA MAQUINA TERMICA

Tomando como base conceptos de metalurgia, podemos decir que un determinado material cambia de fase cuando la temperatura alcanza el límite térmico de transformación de ese material. Por lo tanto, es lícito suponer que la parte del manto que entra en contacto con la litosfera tiene una temperatura similar en toda su superficie, aunque la profundidad y la posición geográfica varíen. (Ver Lámina # 1 - LA TIERRA UNA MÁQUINA TÉRMICA)

*(¿Qué es una **fase**? Una **fase** es una parte homogénea de un sistema que, aunque está en contacto con otras partes del sistema, está separada por un límite bien definido. Es una región del material con propiedades físicas y químicas homogéneas. Es una región que difiere de otras, en micro estructura y/o composición.)*

En un material homogéneo, una temperatura similar significa un quantum de energía similar por unidad de volumen; en consecuencia, MOHO es el último límite terrestre ecu-energético del cual la energía que escapa constantemente del centro de la Tierra, cruza los diferentes materiales de la litosfera continental y oceánica.

c) Planeta Tierra, una máquina térmica

La Tierra funciona como una máquina de calor cuya fuente de energía está en el núcleo interno, la gradiente térmica entre el núcleo y la corteza hace que la energía fluya en forma esférico-radial hacia la superficie del globo; la energía generada en el interior fluye al exterior por conducción.

Como dijimos, la discontinuidad de Mohorovicic es la última zona de "ecu-energía" después de la cual, la energía interna, debe atravesar la corteza terrestre para ser expulsada de la parte sólida del planeta.

Por lo tanto, es legítimo decir que: la cantidad de energía irradiada por la Tierra, desde su propia energía interna (sin considerar lo recibido del Sol) es:

$$Q_{irradiado} = Q''_{irradiado\ por\ Continentes} + Q'_{irradiado\ por\ Océanos}$$

Además, es congruente decir que; a partir de la discontinuidad de Mohorovicic, la "radiación de energía por unidad de área" sería la misma en toda la superficie de la discontinuidad si, y solo si, la corteza fuera homogénea

Sin embargo, las masas continentales son diversas en espesor y composición, la corteza debajo de los océanos es más delgada que la de los continentes y disipa la energía que recibe del interior de la esfera a través del agua del océano cuyo "calor específico" es mucho mayor que en los continentes, cualquiera que sea su composición. En otras palabras, la "energía disipada por unidad de área" no es la misma en toda la superficie de la discontinuidad debido a las diferencias en los procesos de refrigeración.

$$\frac{Q''\ (radiado\ por\ continentes)}{A''\ (área\ continental)} \neq \frac{Q'\ (radiado\ por\ océanos)}{A'\ (área\ oceánica)}$$

Otro factor modificador es la energía recibida del exterior (Sol). Sabemos que la disipación de energía está vinculada a la existencia de "gradiente de energía". Es obvio que la energía solar que llega a la Tierra tiende a disminuir o, de hecho, a cancelar la gradiente entre el interior terrestre y la atmósfera; la consecuencia es que el excedente de energía interna se almacena en forma discontinua y no homogénea en el interior terrestre.

Como vimos, la energía fluye de manera homogénea desde el centro de la tierra a través de todo su volumen esférico hasta llegar a la discontinuidad de Mohorovicic, desde este punto encuentra varios obstáculos que le impiden alcanzar uniformemente la superficie. Al cruzar Mohorovicic, el flujo de energía por unidad de área es diverso, ya que cruza áreas de corteza de espesor variable o áreas combinadas de corteza y océanos.

d) Respuesta morfológica de la Tierra

El coeficiente de "calor específico" es la cantidad de calor necesaria para que la unidad de masa de un material determinado aumente o disminuya su temperatura en un grado.

Los límites y características de los materiales de la corteza, su distribución, la existencia de océanos, cordilleras, desiertos y otras formas de composición cortical con diferentes coeficientes de "calor específico" condicionan y modifican la respuesta termodinámica de la Tierra.

Como consecuencia directa, la respuesta termodinámica de la Tierra se expresa como:

$$c = \frac{Q1 - Q2}{m \cdot \Delta T}$$

Donde:

- c.- Calor específico de cualquier material
- Q_1.- Cantidad de calor en un material a una temperatura dada
- Q_2.- Cantidad de calor del mismo material con 1 grado más
- ΔT.- Diferencia de temperatura (1°)
- m.- Masa del material estudiado

Ahora bien, cada material tiene su propio calor específico, el del agua es el mayor de todos.

Tabla de "c" Calor específico de ciertos materiales comunes:

Material	Valor	Unidad
Agua	1.00	cal/g °C
Agua de Mar	0.95	cal/g °C
Cobre	0.093	cal/g °C
Aluminio	0.21	cal/g °C
Aceite	0.31	cal/g °C
Fierro	0.115	cal/g °C
Vidrio	0.20	cal/g °C
Acero	0.11	cal/g °C
Platino	0.032	cal/g °C
Asbesto	0.20	cal/g °C
Piel	0.36	cal/g °C
Persona promedio	0.86	cal/g °C
Litosfera	0.178	cal/g °C

Los datos de interés a este trabajo son:

Agua de Mar	0.95	cal/g °C
Litósfera	0.178	cal/g °C

A partir de los datos, podemos ver que hay una diferencia importante entre los calores específicos del agua de mar y la litosfera; y si esos datos se aplican a la fórmula ($Q = m\,c\,\Delta T$), el resultado muestra diferencias significativas en la cantidad de calor de estos dos materiales

Por otro lado, sabemos que la profundidad promedio de Mohorovicic debajo de los océanos es de "aproximadamente" 6000 metros, y la profundidad promedio de los océanos es de "aproximadamente" 6000 metros. En consecuencia:

La Q_1 oceánica promedio por unidad de volumen es:

$Q_1 = (1 cm^2 \times 600,000\ cm) \times 1.03\ gr/cm^3 \times 0.95\ cal/gr\ °C \times 1°\ C = 587,100\ cal.$

La Q2 por unidad de volumen, para la litosfera promedio de la superficie a Mohorovicic, es:

$Q_2 = (1 cm^2 \times 600,000\ cm) \times 2.7\ gr/cm^3 \times 0.178\ cal/gr\ °C \times 1°\ C = 288,360\ calorías$

La Q_t total para esta área será:

$Q_t = Q_1 + Q_2 = 587,100 + 288,360 = 875,460\ cal$

Así mismo, sabemos que el grosor promedio de la corteza continental hasta Mohorivicic es de "aproximadamente" 36,000 metros.

En consecuencia, La Q_t continental por unidad de área será:

$Q_t = (1 cm^2 \times 3'600,000\ cm) \times 2.7\ gr/cm^3 \times 0.178\ cal/gr\ °C \times 1°\ C = 1'730,160\ cal.$

En otras palabras, cada cubo teórico de 1 cm^2 de sección transversal que tiene su base en la discontinuidad de Mohorovicic y se extiende, a través de la litosfera hasta la superficie del mar, acumula una cantidad de calor equivalente a 875,460 calorías por cada grado Celsius de temperatura.

Por lo tanto, cada cubo teórico de 1 cm^2 de sección transversal que surge en la discontinuidad de Mphorovicic y se extiende a la superficie de los continentes acumula una cantidad de calor equivalente a 1'730,160 calorías.

Como vemos, el calor acumulado en las zonas continentales es aproximadamente el doble que la acumulada en las zonas oceánicas.

Comparando la capacidad de acumulación energética de las zonas continentales con la de las zonas oceánicas, podría deducirse que; después de la saturación energética de volúmenes similares de la corteza, el flujo de energía excedente se orientará hacia zonas de mejor "conductividad térmica" o con un mejor "factor de refrigeración"

Es interesante notar que el famoso "cinturón de fuego", que rodea el Océano Pacífico, tiene en su lado oriental (costa de América) una sucesión de cadenas montañosas muy cerca de los litorales de las tres partes continentales que lo componen. (Norte, Centro y Sur América) y en el lado Este del océano, cordilleras que corren de Norte a Sur a través de Asia, Filipinas, otros archipiélagos y Australia.

Pero también debemos considerar que, debido a la gran dimensión del continente asiático y su orientación Este-Oeste, el frente asiático del "Círculo de Fuego" se ve muy afectado por la fricción entre el Manto y la Corteza. No olvidemos que, mientras gira, el globo terráqueo se mueve de Oeste a Este y cualquier cambio en la velocidad de rotación provocará un deslizamiento entre el enorme continente y la parte del manto sobre el que descansa. Recuerde el "deslizamiento inercial magma-tectónico".

En consecuencia, se debe suponer que la acumulación diferencial de energía, que fluye desde el interior, es mayor en estos frentes que en cualquier otro lugar en la tierra; Esto sería consistente con el hecho que la mayor incidencia de terremotos que sufren estas áreas se debe a su condición geológica y la fluencia y acumulación de energía que las afecta.

En otras palabras, también es consistente aceptar que la acumulación diferencial de masa / energía comenzó con la formación de la litosfera y, después de millones de años, llevó a la división de la litosfera en las piezas que constituyen los continentes hoy.

En el tiempo de equilibrio dinámico estable, la masa/energía subcortical, que fluye hacia los océanos a través de la parte más favorable de la corteza oceánica, pasa a través de las crestas oceánicas y otros accidentes geológicos como los volcanes submarinos. En los continentes, a través de volcanes.

Recordemos que la fuga de masa/energía debilita la fuerza de atracción (gravedad) y conduce al crecimiento del globo terráqueo con su secuela de espesamiento de litosfera y fenómenos de todo tipo (geológicos, volcánicos, mecánicos, químicos, etc.).

En consecuencia, podemos repetir que "la pérdida de masa/energía es el motor de la expansión".

2) CAMPO MAGNÉTICO y fuga de energía por los polos de la Tierra

La Tierra es casi esférica, gira a velocidad de una revolución completa sobre sí misma en poco más de 24 horas, tiene dos polos que determinan el eje de rotación y la existencia del Campo Magnético.

a) Campo Magnético Terrestre

La ciencia afirma que un campo magnético se origina por el movimiento de cargas eléctricas. En la Tierra, las cargas eléctricas masivas se originan en el centro hiper-energético de la tierra y se mueven hacia los polos que responden al gradiente térmico; esto genera el campo magnético de la tierra.

Al comienzo de nuestro planeta (cuando se formaba la litosfera, la distancia al Sol era menor, y la declinación de la Tierra era casi cero) la energía fluía desde el centro de la tierra en dirección radial distribuida uniformemente hacia el espacio exterior pero, al alcanzar la superficie del planeta encontró resistencia. Eso fue especialmente en el área con luz solar directa.

En esta condición, la energía recibida directamente del Sol estableció un área amplia en la que el material de la superficie conservaba una temperatura más alta que la existente en los polos.

La respuesta natural fue que la energía reorientó su flujo hacia los polos debido a la menor resistencia y al mayor gradiente térmico. Esta condición termodinámica y la movilidad de las cargas eléctricas internas dieron lugar a la formación del campo magnético de la Tierra (el proceso es similar en todos los cuerpos celestes que tienen un campo magnético, la mayor o menor magnitud de estos campos obedece a: la mayor o menor masa / energía, mayor o menor movilidad de cargas eléctricas internas, mayor o menor velocidad de rotación)

Gracias a los satélites artificiales se puede decir que el campo magnético de la Tierra tiene la forma de una gota de lluvia gigantesca cuyo extremo se extiende muy lejos del Sol, hacia el espacio exterior; su núcleo es como una poderosa barra de imán o una gran bobina eléctrica en el centro del planeta a través del cual fluye la electricidad.

Muchos geofísicos están de acuerdo en que el campo magnético es generado por remolinos eléctricos. Estos remolinos son impulsados por el calor liberado por los elementos radiactivos en el núcleo externo de la Tierra; electro conductor y rico en hierro.

Cuando las partículas supersónicas del viento solar golpean el campo magnético de la Tierra, se produce una onda de choque que evidencia la magnetopausa que es el límite de la magnetosfera. El cinturón de radiación (descubierto por Van Allen) bloquea la entrada de partículas a través de la magneto-pausa; algunas se escabullen a través del espacio abierto que, durante el verano polar, deja las líneas del campo magnético cerca de los polos. Las partículas del viento solar colisionan con el chorro de iones y átomos que salen hacia la ionosfera produciendo las conocidas "auroras".

b) Fugas de masa y energía

La mayor fuga de masa y energía de la Tierra ocurre en la Magnetosfera a través de la Magnetopausa impactada constantemente por el viento solar; esta fuga es el factor más importante del desequilibrio energético del planeta. La fuga de masa y energía está constituida por un chorro de iones y átomos arrastrados al espacio exterior. La magnitud de la pérdida de masa y energía es pequeña en comparación con la dimensión del planeta y no parece ser un factor que pueda producir un importante desequilibrio energético.

Sin embargo, la Tierra tiene más de 5000 millones de años perdiendo masa y energía; considerando esto y el estado actual de la ecología, el evidente cambio climático, la extinción de especies vivientes y otros, parece que el planeta está desequilibrado termo-energéticamente debido a factores distintos al proceso natural.

3) LAS MAREAS Y SUS EFECTOS

La fuerza de atracción ejercida sobre la Tierra por el Sol y la Luna se refleja en fenómenos específicos como las mareas. El hombre ha sido testigo de la variación en los niveles de mares y océanos en diferentes momentos del día o de la noche, y pudo verificar que esta variación fue mayor o menor en un ciclo repetido, coincidiendo con los movimientos de la Luna. El ser humano llamó a esta alteración diaria del nivel de mares y océanos.

Con el paso de los siglos fue evidente que la variabilidad del nivel del agua estaba conectada con la movilidad lunar casi mágicamente; este efecto fue mayor en los raros días en que la Luna se alineaba con el Sol en el increíble espectáculo de un eclipse.

Muchos barcos y hombres desaparecidos fue el precio que la tribu tuvo que pagar para comprender y respetar las mareas y variaciones de genio del rey marino. El hombre se dio mil explicaciones y todos terminaron asignando poderes mágicos a la Luna, la conclusión fue respetar a la Luna y protegerse contra ella.

Establecido el principio de atracción universal, fue posible comprender que la variación cíclica del nivel del mar es también una consecuencia de la gravedad universal, y la variabilidad de las mareas obedece a la posición de la Luna y del Sol frente a la Tierra.

a) La súper marea estacional

A lo largo del año, la Tierra gira alrededor del Sol, a una velocidad de 29,6 km por segundo, e invierte 365 días, 5 horas, 48 minutos y 46 segundos en este viaje. El plano de la eclíptica y el del ecuador forman un ángulo de 23.5°. Esto produce las condiciones apropiadas para generar la SUPER MAREA ESTACIONAL. En otras palabras, a partir del 21 de diciembre, la masa oceánica comienza su desplazamiento estacional hacia el Norte; en la misma fecha en que el Sol comienza su regreso cíclico al Norte. La onda estacional cíclica alcanzará la máxima declinación Norte el 23 de junio. El viaje de la masa líquida hacia los espacios oceánicos del norte producirá un aumento del nivel oceánico en ese hemisferio.

El nivel del Océano Pacífico Norte aumenta un promedio de cincuenta centímetros entre los meses de Junio a Septiembre; ese mismo efecto aunque en menor magnitud ocurre en el Hemisferio Sur entre Diciembre y Marzo.

Como es lógico, la fuerza que causa las mareas, afecta al todo y sus partes. Esto significa que la atracción del Sol y/o la Luna afecta a todo el planeta y a cada una de sus partes, océanos, mares, corteza terrestre y atmósfera.

Debido a la naturaleza de los gases y la existencia de otros factores, es difícil evaluar el efecto producido por la atracción lunar y solar en la atmósfera, sin embargo, se ha verificado que la marea atmosférica afecta la presión. *(Maréa atmosférica. Dado que el aire atmosférico es un fluido, como lo son las aguas oceánicas, las dimensiones de la atmósfera también sufren la acción de las **mareas**, afectando su espesor y altura y, en consecuencia, la presión atmosférica.) WIKIPEDIA)*

La atracción lunar y solar sobre elementos líquidos (océanos, mares, lagos) ha sido vastamente estudiada, descrita y entendida, especialmente en sus efectos mecánicos e hidráulicos.

Los efectos de la atracción lunar y/o solar sobre partes sólidas, como la corteza, fueron ignorados hasta hace muy poco, pero la ciencia ha descubierto que la corteza también sufre las consecuencias de las atracciones solar y lunar.

> *1- (La atracción solar y lunar sobre las partes sólidas ha sido poco considerada. Mareas terrestres: las fuerzas gravitatorias que provocan las mareas oceánicas también deforman la corteza terrestre. La deformación es importante y la amplitud de la marea terrestre alcanza alrededor de 25 a 30 cm en marea viva o de Sicigias y casi 50 cm durante los equinoccios.) (WIKIPEDIA)* Masselink, G.; Short, A. D. (1993). «The effect of tidal range on beach morphodynamics and morphology: a conceptual beach model». *Journal of Coastal Research* **9** (3): 785-800. ISSN 0749-0208.

4) FENÓMENO "EL NIÑO"

Como ya hemos visto, la súper marea estacional se alimenta de una enorme masa de agua que se mueve desde el hemisferio sur hacia el norte y aumenta el nivel del océano Pacífico norte; esta gran masa de agua es calentada permanentemente por energía solar durante su viaje cíclico anual.

Esta masa y su importante acción cinética se hacen evidentes cuando el 23 de junio comienza su movimiento cíclico hacia el sur, atraída por el cambio de declinación solar. Su mayor nivel, de unos 50 centímetros, induce en el océano una contracorriente masiva que detiene el flujo de aguas frías del sur hasta que el nivel oceánico toma una dimensión promedio.

En el pasado; la energía acumulada, que era de enorme magnitud, se movía armónicamente con la masa oceánica, desde el hemisferio norte al sur en un flujo y reflujo anual inocuo; porque, las herramientas planetarias para el proceso de convección natural eran suficientes para una transferencia térmica equilibrada.

En ese momento, este fenómeno termo-mecánico-hidráulico no se observó ni se consideró porque, para los primitivos sistemas de control de la ciencia hidrográfica, su influencia en la atmósfera y el clima carecía de importancia.

Sin embargo, desde tiempos prehispánicos, los pescadores artesanales peruanos observaron que cada cierto número de años, en Diciembre, las aguas costeras se calentaban por encima de lo normal. Cuando llegó la cultura cristiano-católica, esos pescadores dijeron que el fenómeno llegaba con el "Niño Dios". Los oceanógrafos peruanos de los años cincuenta, del siglo pasado, impactados por la creciente importancia económica de la industria pesquera, estudiaron el fenómeno y lo bautizaron con el sugerente nombre de "Fenómeno del Niño".

Es lamentable que la empresa pesquera peruana distorsionara la notable observación de los pescadores artesanales demorando y enturbiando la interpretación correcta por interés económico-privado.

Sin embargo; el aumento de la temperatura del mar, causado por el "efecto invernadero" añadido al viejo fenómeno de "El Niño", afecta la armonía "termodinámica" de esta súper marea y aumenta el desequilibrio térmico que sufre nuestro mundo hoy en día. El desequilibrio aumentará siempre que los intereses privados globales, como en el caso de la industria pesquera peruana, sigan disminuyendo su importancia y ocultando los efectos.

5) LA ACCION HUMANA

El desarrollo de la ciencia y la industria le dio al ser humano poderes insospechados. Hoy la humanidad puede alterar el equilibrio termodinámico de la superficie de la tierra, en el futuro el poder del ser humano será mayor.

Las herramientas humanas utilizadas para alterar el equilibrio terrestre son diversas pero, la mayoría de ellas conducen a la manipulación, consciente o no, de algunos factores del equilibrio termodinámico terrestre.

a) La capa de OZONO

El ozono es un gas cuya molécula está formada por tres átomos de oxígeno en lugar de dos que componen el oxígeno normal. Este gas se encuentra en la atmósfera en pequeña proporción. Cuando en el pasado antiguo, el oxígeno enriqueció la atmósfera y reemplazó a otros gases, una capa sutil de ozono apareció en la parte superior de la atmósfera y permaneció en equilibrio dinámico hasta nuestros días. Bajo condiciones naturales, el ozono se crea y se destruye continuamente, pero su equilibrio se mantiene con pequeñas fluctuaciones causadas por la actividad solar o erupciones volcánicas que aumentan los gases que destruyen el ozono.

b) La ciencia reconoce el peligro de los Fluoruro-Carbonos y gases similares

Después de debates y arduos estudios se aceptó que a partir de 1960, el mayor daño a la capa de ozono proviene del uso indiscriminado de gases cloro-fluoruro-carbonos y otros productos químicos industriales.

La conclusión de esos estudios es que los elementos más peligrosos e influyentes son: productos químicos usados en refrigeración, industria del plásticos, solventes de electro-industria, extintores químicos contra incendio, fugas de gases de motores de automóviles, aviones supersónicos, a todo lo que debemos agregar el impacto natural de la vida terrestre.

Los productos químicos más impactantes para la atmósfera son: bromuros, óxidos nitrosos y nítricos, dióxido de carbono, cloro-fluoruro-carbonos, metano y otros; todos son gases de efecto invernadero que recalientan la atmósfera baja y aumentan la presión.

c) Iones escapan por 'Chimenea Polar'

La renovación natural de los gases atmosféricos es un proceso equilibrado entre la producción de gases, la transformación de gases y los gases que escapan a la estratosfera en dirección al espacio exterior. El escape a la estratosfera ocurre a través de la 'chimenea polar' que es el espacio abierto dejado por el campo magnético de la tierra. El viento solar barre el exterior de esa abertura (la boca de la chimenea) a una velocidad variable superior a 500 km / seg, pero puede alcanzar más de 1000 km / seg, como hemos visto antes.

Por otro lado, los gases de efecto invernadero reaccionan químicamente con el oxígeno y el OZONO produciendo una disminución de la producción natural de iones; esto reduce el poder del escudo de la tierra contra los rayos infrarrojos y ultravioleta y produce un aumento en la temperatura de la superficie de la Tierra. Por otro lado, gases pesados como monóxido o dióxido de carbono y otros, saturan la atmósfera baja, esto dificulta el enfriamiento de la superficie con el consiguiente aumento de la temperatura. La consecuencia es: calentamiento global terrestre.

6) EFECTO INVERNADERO

En la discusión científica e incluso en el habla común, referirse al Efecto Invernadero es ya lugar común. El aumento porcentual de componentes atmosféricos peligrosos, como el dióxido de carbono o el fluoruro de carbono, ha disparado el promedio de la temperatura de nuestra burbuja gaseosa, al menos, un grado Celsius por encima de la que tenía a principios del siglo XX.

A esto debe agregarse la contaminación de los océanos con todo tipo de basura: petróleo y derivados, detergentes, desechos industriales, desechos plásticos, relaves de minerales venenosos; todo esto, desafortunadamente, conduce a disminuir la conductividad termodinámica oceánica con la consecuente acumulación anormal de calorías en la masa oceánica.

Zonas terrestres gigantescas bajo alteraciones ecológicas comerciales y deforestación descontrolada, destinadas a la planificación urbana, la minería, la explotación petrolera, la tala indiscriminada, el vertimiento de basura y desechos plásticos a los océanos y muchas otras; están dejando nuestro planeta sin capacidad para contrarrestar el desequilibrio termodinámico inducido. Esos actos tienen como único propósito satisfacer los apetitos del mundo económico privado. (Ver Láminas # 5 BASURA PLASTICA EN LOS OCEANOS – y – Lámina # 6 POLUCION OCEANICA)

a) Lluvia ácida.-

En los años sesenta y setenta del pasado siglo, los países más poderosos del hemisferio norte alertaron al mundo contra el daño de la "lluvia ácida"; sin embargo, la creciente competencia de poder económico, político y militar hizo imposible tomar medidas preventivas. Como consecuencia, en los años ochenta se evidenciaron grandes áreas boscosas dañadas en Inglaterra, Alemania, Checoslovaquia y Polonia.

Mi primera visita a USA fue en 1956, después de seis décadas puedo afirmar, sin ser ingeniero forestal, que los bosques de California, Oregón o el estado de Washington no son tan saludables como solían ser. Como amante de la naturaleza, he visto muchos árboles con hojas amarillas en primavera, ese espectáculo se repite en Virginia y Maryland. Los árboles se regeneran a sí mismos si se mejora la atmósfera; ¡todavía es tiempo!

b) Deforestación.-

Millones de hectáreas de bosques son sacrificados cada año en Amazonia, India, Bangladesh, África, América Central y América del Norte. Esto tiene como único propósito apoyar el trabajo de grandes complejos industriales que operan con madera, elementos químicos, insumos químicos y farmacéuticos industriales, oro, piedras preciosas y drogas. (Ver Lámina # 2 DEFORRESTACION)

c) Irrigaciones.-

En respuesta a los procesos de desertificación y aumento poblacional, el ser humano ha intentado extender las áreas de cultivo a través de complejos sistemas de riego, estas inmensas y crecientes áreas consumen mucha agua freática, el monocultivo impide la recuperación natural de los suelos que requieren enriquecimiento artificial con fertilizantes que van acompañados de la necesidad de plaguicidas potencialmente peligrosos. (Ver Láminas # 3 AGRICULTURA y DESERTIFICACION – y - # 4 IRRIGACIONES DESTRUCTIVAS)

LAMINA # 2
EQUILIBRIO EN LA TERMODINAMICATERRESTRE
DEFORESTACION

Ales Krivec   If you like my images, please do consider buying me a cup of coffee.

La consecuencia de este complejo y agresivo mecanismo ha excedido largamente la capacidad natural de recuperación del planeta, todo lo cual se refleja en pavorosas estadísticas de las Naciones Unidas y otros organismos internacionales de absoluta credibilidad.

En otras palabras, las empresas que explotan grandes áreas agrícolas, sin responsabilidad clara y legalmente definida sobre los suelos que degradan, deberían gastar más del capital acumulado y trabajar 500 años para restaurar, solo, 2.5 centímetros de la tierra agrícola destruida.

Estos terribles datos son respuestas al cambio climático o a la acción humana o más probablemente ambos. A escala mundial, el incremento de los gases de efecto invernadero aumenta la frecuencia de los años de sequía.

LAMINA 3
EQUILIBRIO EN LA TERMODINAMICA TERRESTRE
AGRICULTURA Y DESERTIFICACION

Photo by **Marcin Kempa** on – Copy

Cerca de un tercio de la tierra de cultivo ha sido abandonada debido a que la erosión la ha vuelto improductiva

Cada año 20 millones de hectáreas de tierra de cultivo se degradan a tal punto que se vuelven improductivas para la producción agrícola, o se pierden por la expansión urbana desordenada.

La desertificación se incrementa en cierta medida con la expansión de la tierra agrícola: 30 por ciento de las tierras irrigadas, 47 por ciento de las cuales son irrigadas por la lluvia en las regiones agrícolas y 73 por ciento en las tierras de las laderas.

Se estima que Anualmente: 1.5 a 2.5 millones de hectáreas de tierra irrigada, 3.5 a 4 millones de hectáreas regadas por lluvia en regiones agrícolas, y alrededor de 35 millones de hectáreas de tierras agrícolas en laderas pierden toda o parte de su productividad debido a la degradación del suelo.
La restauración del suelo perdido por la erosión es un proceso lento; formar una capa de 2.5 centímetros de suelo agrícola puede tomar 500 años. (extractos de informes de ONU y otros organismos)

Mapas de la Desertificación, comunes en los libros escolares, muestran la distribución de zonas semiáridas, desiertos y áreas en proceso de desertificación acelerada y casi todas esas áreas están entre los trópicos donde la energía solar es más fuerte. Sin embargo, es notable que haya vastas áreas bajo proceso de desertificación en Asia y América del Norte donde, la dimensión de la corteza continental dificulta la fuga de energía desde el interior de la tierra. La distribución de las áreas desérticas y su incremento tienen una influencia muy importante en la termodinámica terrestre.

LAMINA # 4
EQUILIBRIO EN LA TERMODINAMICA TERRESTRE
IRRIGACIONES DESTRUCTIVAS

El desecamiento del Mar de Aral a lo largo de años fue inútil, solo dio paso al desierto.

La pobreza y la desertificación rurales

Cuando la tierra, en regiones áridas, es frágil y sobre-explotada por la demanda de una población que crece, esa tierra pierde su capacidad productiva. Los resultados son devastadores. La degradación de esa tierra afecta hoy día a más de 1 mil millones personas y al 40 por ciento de la superficie de la tierra. En los casos más severos la tierra llega a ser estéril e inútil, precipitando hambre y sequía. Cada año 12 millones de has de tierra se pierden por desertificación, y la tasa está aumentando. La desertificación es un problema ambiental importante que está avanzando a paso alarmante. (extractos de informes de ONU y otros organismos)

7) CONSECUENCIA DEL FENOMENO INVERDANERO

A lo largo de este trabajo, vimos que el engrosamiento de la corteza terrestre, la existencia de los océanos, el incremento del oxígeno atmosférico, otros procesos atmosféricos y la distancia adecuada entre la Tierra y el Sol llevaron a nuestro planeta a un estado de equilibrio energético que facilitó la vida; también sabemos que el equilibrio fue periódicamente alterado por eventos aislados como la explosión de KRAKATOA y terremotos más o menos destructivos.

Desde el advenimiento de la era industrial, la dinámica del balance de energía ha cambiado y este cambio está dejando su marca a través de múltiples parámetros, aparentemente desconectados.

LA MEJORA MEDICO-SANITARIA PRODUJO EXPLOSION DEMOGRAFICA

Año	Mes	Día	Población Mundial
1900	Diciembre	31	1,657'000,000
1950	Diciembre	31	2,548'600,000
2000	Diciembre	31	6,165'700,000
2015	Diciembre	31	7,391'200,000
2020	Diciembre	31	7,797'810,000
2030	Diciembre	31	8,535'600,000

La explosión demográfica mundial multiplicó la demanda y provocó la sobreexplotación de bienes naturales, la extinción de especies animales, el agotamiento o reducción significativa de las reservas petrolíferas, la contaminación irremediable de cuencas fluviales y mares interiores. Toda esa agresión ha llegado hoy a los océanos.

LAMINA # 5
EQUILIBRIO EN LA TERMODINAMICA TERRESTRE
BASURA PLASTICA EN LOS OCEANOS

De Wikipedia, la enciclopedia libre

La sopa de plástico está situada en el giro oceánico *del Pacífico norte, uno de los cinco grandes giros oceánicos.*

La Sopa de plástico,[1] también conocida como Sopa de basura, Sopa tóxica, Gran mancha de basura del Pacífico, Gran zona de basura del Pacífico, Remolino de basura del Pacífico y otros nombres similares, es una zona del océano cubierta de desechos marinos en el centro del océano Pacífico Norte, localizada entre las coordenadas 135° a 155°O y 35° a 42°N. Se estima que tiene un tamaño de 1.400.000 km².[2] Este basurero oceánico se caracteriza por tener concentraciones excepcionalmente altas de plástico suspendido y otros desechos que han sido atrapados por las corrientes del giro del Pacífico Norte (formado por un vórtice de corrientes oceánicas). A pesar de su tamaño y densidad, el lote de basura oceánico es difícilmente visible mediante fotografías satelitales[3] y no es posible localizarlo con radares.

En 2009 se descubrió la Mancha de basura del Atlántico Norte, relacionada también con el Giro oceánico del Atlántico Norte

a) Balance Termodinámico entre Corteza y Atmósfera

Los últimos años del siglo XX pasaron rápidamente mientras que en conferencias internacionales, periódicos, revistas y conversaciones familiares se comentaba abiertamente sobre la contaminación atmosférica, la desaparición del ozono atmosférico y el aumento incontrolable del cáncer de piel, como resultado de los rayos ultravioleta que atraviesan nuestro debilitado escudo atmosférico.

Por el contrario, casi nadie piensa en el hecho que; cualquier variación de temperatura de la superficie terrestre afecta también al equilibrio termodinámico interno.

Es un hecho que la energía fluye desde el centro de la tierra a la superficie del planeta; en esa condición, la energía interna se opone a la que proviene del Sol y se establece un equilibrio termo-dinámico que gobierna el espesor de la corteza terrestre y, por supuesto, la profundidad de la "Discontinuidad de Mohorovicic".

Hemos comprobado así mismo que cada grado de temperatura superficial implica una enorme cantidad de calorías que la corteza acumula de acuerdo a su propia naturaleza, modificando, controlando y afectando el flujo de energía interno.

Si fuera posible aislar estos fenómenos, se verificaría que: el aumento de un grado centígrado en la superficie terrestre reduce, entre 11 y 100 metros, el espesor de la corteza; esto por supuesto, con su secuela de aumento potencial de la actividad tectónica. Ese grado centígrado adicional, en la superficie de la tierra, aumentará la transferencia de energía desde el centro hacia los polos y fortalecerá el movimiento de las cargas eléctricas porque altera el campo magnético y las líneas de fuerza; por lo tanto, el "efecto sifón" aumentará sobre nuestra atmósfera con el consiguiente incremento en pérdida de gases atmosféricos ligeros como ozono, oxígeno y otros.

Un grado centígrado adicional, en la superficie del globo, acumulará más energía térmica en los océanos, lo cual afectará la masa acuática global en movimiento en su tránsito de norte a sur y viceversa; esto, por supuesto, alterará el límite entre aguas frías y cálidas con la consiguiente modificación de los ciclos seco-húmedo y cálido-frío.

Un grado centígrado adicional promedio, en la superficie del mundo, altera la gradiente térmica entre los Polos y el Ecuador y afectará al hielo polar cuya disminución será progresivamente más rápida a medida que disminuya su volumen; esto está sucediendo hoy en los picos andinos, el Polo Sur y muchos otros lugares en nuestro mundo.

El incremento del promedio de la temperatura superficial rompe el equilibrio termodinámico del globo terrestre y, con el tiempo, esta tendencia producirá un proceso de aumento incontrolable, ya que todas las condiciones refuerzan esa tendencia y no hay factores de reducción o control.

b) Peligros generados si se rompe el Equilibrio Termodinámico

Se ha demostrado que, desde 1900 hasta ahora, el promedio de la temperatura de la superficie de la Tierra ha aumentado aproximadamente un grado Celsius y, para el 2020, los mismos estudios calculan tres posibles proyecciones. (Ver Láminas # 5 y # 6)

Proyección optimista.- La emisión de gases de efecto invernadero, la deforestación, el desarrollo de la aviación comercial y muchas otras agresiones humanas contra nuestro mundo serán controlados por gobiernos responsables. Bajo estas condiciones, la temperatura global promedio aumentará medio grado Celsius y, si se mantiene esta tendencia de control, se espera que en el año 2100 la condición termodinámica terrestre sea similar a la actual. Para esa fecha la corteza será cien (100) más delgada que en 1900.

Proyección Realista. - Los seres humanos tenemos, hoy, conciencia sobre el cambio climático; esto nos permite comprender el fenómeno y, en el juego libre de la competencia capitalista, la humanidad podría lograr un incremento restringido de factores agresivos. Bajo esta condición; para 2020, el promedio de temperatura global podría aumentar un grado Celsius y, si esa tendencia se mantiene a lo largo del siglo, podríamos esperar en el año 2100 para nuestros bisnietos, dos grados Celsius por encima de la temperatura actual. Para esa fecha, el grosor de la corteza será 300 metros menor que en 1900

LAMINA 6
EQUILIBRIO EN LA TERMODINAMICA TERRESTRE
POLUCION OCEANICA

Licensed under the **Creative Commons Zero (CC0) license**

Proyección pesimista.- La proyección pesimista prevé que todos los fenómenos agresivos se refuerzan mutuamente; la competencia entre los centros de producción se vuelve incontrolable, la masa humana ataca los reductos naturales remanentes (cuenca amazónica, bosques tropicales africanos y asiáticos) y como resultado de la contaminación irreprimible, los océanos, las selvas y los bosques disminuyen su producción de oxígeno. Bajo estas condiciones; para 2020 la temperatura global habrá aumentado un grado medio Celsius y, seguramente alcanzará cinco grados centígrados por encima de la temperatura de nuestros días, hacia 2100. Para esa fecha la corteza será, en promedio, seiscientos (600) metros menos grueso que en 1900

c) Consecuencias de la ruptura del balance termodinámico

Vimos en páginas pasadas que, el impacto del aumento de un grado Celsius es bastante peligroso para los seres vivos del planeta. En ese sentido; si la temperatura promedio de la superficie del planeta alcanza cinco grados más que en la actualidad, este incremento producirá peligros incontrolables y catastróficos, afectará irremediablemente la corteza y, por supuesto, la vida humana:

- PROFUNDIDAD DEL MOHO, la discontinuidad de Mohorovicic se acercará a la superficie del planeta porque el espesor de la corteza oceánica disminuirá 600 metros con su secuela de inestabilidad tectónica que alcanzaría niveles alarmantes.
- TRANSFERENCIA DE ENERGÍA HACIA LOS POLOS, la fuga de gases ionizados al espacio exterior aumentará y afectará no solo a la capa de ozono, sino que también pondrá en peligro el equilibrio apropiado de oxígeno atmosférico;
- GRADIENTE ENERGÉTICA ENTRE LOS POLOS Y ECUADOR, el cambio en la gradiente energética alterará profundamente el clima de la Tierra con especial incidencia en los conocidos FENÓMENOS DE "Niño" y "Niña" y con ellos la incidencia de huracanes, sequías, monzones y alteración de las corrientes oceánicas;
- REFUERZO INTRE FACTORES, con el aumento de temperatura de la corteza debido a cambios en los gases atmosféricos (Efecto Invernadero), la masa de la esfera (núcleos, manto y corteza) acumulará energía térmica, aumentará la gradiente térmica entre el núcleo y los polos, los hielos se derretirán en todo el mundo, afectará la gravedad terrestre y hará impredecible la respuesta del planeta que ha dado todo a sus habitantes y solo nos ha pedido que respetemos las leyes que rigen su equilibrio dinámico-energético;
- LAS ALTERACIONES DE MOHO GENERARÁN DESEQUILIBRIOS, si el aumento de temperatura dura el tiempo suficiente para derretir 1000 metros de corteza y así reducir la distancia entre MOHO y la superficie de la Tierra, las consecuencias serán extremadamente peligrosas (debemos recordar que MOHO está, en promedio, a 6.000 metros por debajo de los océanos).

Al aumentar la diferencia térmica entre la corteza continental y la corteza oceánica, debido a su calor específico diverso, la movilidad tectónica en las zonas de contacto aumentará y la incidencia y magnitud de los terremotos aumentarán sustancialmente.

Por otro lado, la influencia de la atracción solar en el incremento de la actividad tectónica en zonas sísmicas está comprobada. En consecuencia, es lógico esperar mayores deformaciones de la corteza y aumento de la actividad tectónica en respuesta a la mayor proximidad de Moho a la superficie del planeta, y como consecuencia de la ida y vuelta anual del Sol (el Sol pasa de 23 Norte a 23 Sur y viceversa durante el año).

Todo lo dicho tiene relación de causa - efecto con el aumento de la temperatura de la superficie de la Tierra, producido por el fenómeno de invernadero.

EPILOGO

Está demostrado que el Fenómeno de Invernadero, la brecha del ozono, la desertificación, la contaminación de la atmósfera, del suelo y de los océanos, sumados a otros factores degradantes aumentan la temperatura superficial del globo y, como este trabajo pretende demostrar, la corteza terrestre también se ve seriamente afectada. Muy pocos miembros de la humanidad disfrutan de esta agresión contra nuestro único hogar universal mientras que la humanidad en su conjunto la sufre y sufrirá más y más en un futuro muy cercano.